高等学校测控技术与仪器专业应用型本科系列规划教材

在线气体分析仪器

ZAIXIAN QITI FENXI YIQI

主　编◆王　森　钟秉翔

副主编◆杨　波　聂　玲　柏俊杰

主　审◆唐德东

参　编◆孙先武　杨君玲　辜小花　曾钊伟

重庆大学出版社

内容提要

本书主要介绍在线分析仪器的基本概念和基本知识,包括在线分析仪器的定义、分类、应用情况和性能特性,标准气体和辅助气体;重点讲解红外线气体分析器、紫外线气体分析器、半导体激光气体分析仪、顺磁式氧分析器、电化学式氧分析器、热导式气体分析器、过程气相色谱仪、微量水分与水露点分析仪和硫分析仪等在线气体分析仪器的原理、结构、性能、选型、安装、使用、维护和校准。

本书可以作为仪器仪表、过程控制、石油与天然气工程等领域的研究生或本科生的课程教材,也可以作为石油、化工、钢铁、水泥、电力、环保等领域在线分析仪器使用和维护等工程技术人员的参考用书。

图书在版编目(CIP)数据

在线气体分析仪器 / 王森,钟秉翔主编. -- 重庆:
重庆大学出版社,2020.2(2024.7 重印)
ISBN 978-7-5689-1847-3

Ⅰ. ①在… Ⅱ. ①王… ②钟… Ⅲ. ①气体分析器
Ⅳ. ①TH83

中国版本图书馆 CIP 数据核字(2019)第 234079 号

在线气体分析仪器

主编 王 森 钟秉翔
副主编 杨 波 聂 玲 柏俊杰

责任编辑:杨粮菊 版式设计:杨粮菊
责任校对:张红梅 责任印制:张 策

*

重庆大学出版社出版发行
出版人:陈晓阳
社址:重庆市沙坪坝区大学城西路 21 号
邮编:401331
电话:(023) 88617190 88617185(中小学)
传真:(023) 88617186 88617166
网址:http://www.cqup.com.cn
邮箱:fxk@ cqup.com.cn(营销中心)
全国新华书店经销
POD:重庆正文印务有限公司

*

开本:787mm×1092mm 1/16 印张:13.25 字数:333千
2020 年 2 月第 1 版 2024 年 7 月第 3 次印刷
ISBN 978-7-5689-1847-3 定价:39.80 元

前言

在线气体分析仪器广泛应用于石油、化工、钢铁、水泥、电力、环保等领域的成分量分析及自动控制,提供的成分量信息是流程工业、环境监测及其他过程分析等领域的重要信息源,为国家节能、减排、安全、环保等发挥了重要作用。尤其在我国石油、化工行业是使用在线分析仪器比较密集的两个行业,随着我国石油化工装置的大型化和技术装备水平的提高,日益追求提高产品质量、降低生产成本、节能减排和安全生产,在线分析仪器的使用量和重要性与日俱增。

在线气体分析仪器跨越化学和仪器仪表两大学科,具有多学科、高技术特征。而我国大多数大专院校尚未开设这一专业,涉及在线气体分析仪器及应用的教材和科技图书甚少。为了提高我国在线分析仪器的研制和应用水平,提升高校在线分析仪器及应用的教学水平,同时提高运行维护人员的专业素质,编写一本内容较全面、实用性强的在线气体分析仪器教材势在必行。本书力求满足高校师生的教学需要和广大工程技术人员的工作需求。

本书主要读者对象为相关专业的研究生及本科生,流程工业和环保行业在线分析仪器使用维护、工程设计、选型采购和安装施工人员,在线分析仪器生产厂家研制、维修和营销人员等。全书分为11章,其中第1、2章介绍在线分析仪器的基本概念、应用情况和基本知识,包括在线分析仪器的定义、分类、应用情况和性能特性;标准气体和辅助气体。第3—11章,分别介绍各种在线气体分析仪器的原理、结构、性能、选型、安装、使用、维护和校准,包括红外线气体分析器、紫外线气体分析仪器、半导体激光气体分析仪、顺磁式氧分析器、电化学式氧分析器、热导式气体分析器、过程气相色谱仪、微量水分与水露点分析仪和硫分析仪等。

我们在编写过程中进行了大量的企业生产现场调研,收集了生产现场应用的各种在线气体分析仪器,将生产现场典型应用的各种在线气体分析仪器的原理、结构、应用、维护作为主要内容编入教材,密切结合生产实际,所学即所用,力求做到通俗易懂、图文并茂。

1

本书由重庆科技学院的王森、钟秉翔教授担任主编,王森教授编写了第1、2、10章,并负责全书的修改工作,钟秉翔教授编写了第3、9、11章,并负责全书的统稿工作,杨波、聂玲、柏俊杰老师主要编写了第4、5、7、8章,孙先武、杨君玲和辜小花老师主要编写了第6章和第8章部分内容,中国石油西南油气田公司遂宁龙王庙净化厂的曾钊伟工程师参与编写了第11章的部分内容,并就现场实际应用情况提出了修改意见,唐德东教授负责全书的审核工作。特别感谢聚光科技有限公司、北京北分麦哈克分析仪器有限公司、四川分析仪器有限公司、西门子(上海)分析仪器工程有限公司、加拿大阿美特克过程和分析仪表部等单位提供的产品样本资料。

由于编者水平有限,书中难免存在不足之处,恳请广大读不吝赐教,批评指正。

编　者

2019 年 8 月

目录

2

1

绪 论

═══

1.1 在线分析仪器的定义和分类

1.1.1 在线分析仪器的定义

在线分析仪器(On-line Analyzer)又称过程分析仪器(Process Analyzer),是指直接安装在工业生产流程或其他源流体现场,对被测介质的组成成分或物性参数进行自动连续测量的一类仪器。

在国家标准 GB/T 19768—2005《过程分析器试样处理系统性能表示》中,对过程分析仪器的定义为:"和源流体相连自动给出输出信号的分析器,其输出信号包括混合流体中一种或多种组分的含量,或流体中由组分所决定的物理或化学性质。对取样式过程分析器,试样流从原流体中提取并输送到分析器测量;对插入式过程分析器,直接在源流体中测量。"

早在 1979 年,在中国仪器仪表学会分析仪器学会成立大会上,决定采用"过程分析仪器"这一名称。"过程"二字表示用于工业生产流程之意。但从那时起至今的几十年中,这一类仪器在我国污染源排放连续监测和环境质量监控中得到广泛应用,显然,将环保监测上使用的这类仪器也称为"过程分析仪器"是不适宜的。从国外发达国家看,在线分析仪器在环境保护方面的使用量已远远超过工业流程使用量的总和,从我国的发展趋势看,其市场潜力巨大,发展前景广阔。而"在线分析仪器"这一名称涵盖面宽,能更为全面地反映这一类仪器的特点和应用范围,也易于为各方面的使用者所接受。

1.1.2 在线分析仪器的分类

分析仪器的种类繁多,用途各异,分析方法的发展迅速,现有的分析方法至少有 200 种以上,从不同的角度出发有不同的分类方法,但目前尚难对分析仪器做出一个统一、科学的分类。按照测量原理和分析方法,我们可以把在线分析仪器大略地分为如下几类:

(1)光学分析仪器

光学分析仪器包括采用吸收光谱法的红外线气体分析器、近红外光谱仪、紫外-可见分光光度计、激光气体分析仪等;采用发射光谱法的化学发光法、紫外荧光法分析仪等。

(2)电化学分析仪器

电化学分析仪器包括采用电位、电导、电流分析法的各种电化学分析仪器,如 pH 计、电导仪、氧化锆氧分析器、燃料电池式氧分析器、电化学式有毒性气体检测器等。

(3)色谱、质谱分析仪器

色谱、质谱分析仪器包括各种类型的色谱分析仪、质谱分析仪和色谱-质谱联用仪。

(4)物性分析仪器

在分析仪器中,把定量检测物质物理性质的一类仪器称为物性分析仪器。物性分析仪器按其检测对象来分类和命名,如水分仪、湿度计、密度计、黏度计、浊度计以及石油产品物性分析仪器等。

鉴于石油产品物性分析仪器的多样性与专用性,人们常把水分仪、密度计、黏度计这些通用仪器以外的专用于石油产品分析的仪器,如馏程、蒸汽压、闪点、倾点、辛烷值测定仪等归为一类,统称为油品物性分析仪器,我国炼油行业习惯上称为油品质量分析仪器。

(5)其他分析仪器

将上述几类仪器之外的在线分析仪器合并在这一类中,包括:

①热学分析仪器:如热导式气体分析器、催化燃烧式可燃性气体检测器、热值仪等。

②磁学分析仪器:目前主要用于氧含量分析,它利用氧的高顺磁特性制成,如热磁对流式、磁力机械式、磁压力式氧分析器。

③射线分析仪器:如 X 射线荧光光谱仪、γ 射线密度计、β 射线测尘仪、中子及微波水分仪、感烟火灾探测器等。

也可按照被测介质的相态划分,将在线分析仪器分为气体、液体、固体分析仪器三大类,或按照测量成分和参数划分,分为氧分析仪、氢分析仪、硫分析仪、pH 值测定仪、电导率测定仪等多种。

本书主要介绍气体分析仪。由于采用同一方法的仪器可以分析多种成分,而测量同一成分的仪器也可采用多种方法实现,本书分析仪器章节的划分本着科学合理、合乎惯例、便于读者阅读查找的原则,一部分按测量原理或方法分章,一部分按测量成分或参数分章。

1.2 在线分析仪器的应用

在线分析仪器是分析仪器中的一类,也是过程检测仪表的一个分支。它跨越化学和仪器仪表两大学科,具有多学科、高技术特征。随着国民经济的发展和社会的进步,以及发展绿色经济、建设生态环境的需要,石油、化工、安全、环保等领域都离不开在线分析监测技术的应用,而在线分析仪器及在线分析系统则是在线分析监测装备的重要组成部分。在线分析仪器提供的成分量信息是流程工业、环境监测以及其他过程分析等领域的重要信息源,是过程监视和过程控制、产品质量监视、安全稳定生产、装置长周期运转、减少运行成本、节能降耗、环境保护、实施先进过程控制、实时优化不可缺少的设备,在线分析仪器在流程工业、环境监测等行业的大量使用已成为各企业推行先进质量控制技术的典型标志。

1.2.1 在线分析仪器应用举例

天然气是一种可燃性气体,主要成分是气态烷烃,还含有少量非烃气体,是一种洁净、方便、高效的优质能源,也是优良的化工原料。在天然气组成成分中,甲烷含量最高,乙烷、丙烷、丁烷和戊烷含量不多,庚烷以上的烷烃含量极少。另外,还含有少量非烃类气体,如硫化氢、二氧化碳、一氧化碳、氮、氢和水蒸气以及硫醇、二硫化碳、羰基硫(或称硫氧碳、氧硫化碳)等有机硫化物。

为了符合商品天然气质量或管道输送的要求,需要将气井中采出的天然气通过矿区内部集输、分离计量并输送至处理厂净化与加工处理,包括脱硫、脱水、脱烃、脱杂质等,并回收其他副产品,例如液化石油气(Liquefied Petroleum Gas,LPG)、稳定轻油、硫黄等。

图1.1是油气田对天然气进行净化处理的工艺过程示意框图,将天然气处理过程划分为处理、净化、加工等几个部分。

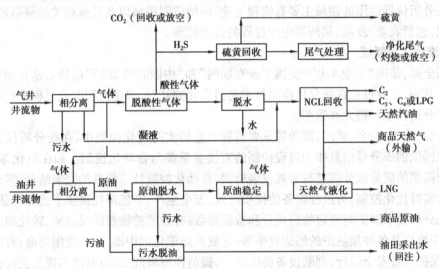

图1.1 天然气净化处理过程示意框图

天然气处理:脱除酸性天然气中的 H_2S、CO_2、H_2O 等,以符合规定的管输标准,或为了保证一定的热值,从含有大量惰性气体(N_2 或 CO_2)的天然气中提浓 CH_4,以及为了控制管输天然气的烃露点而脱除部分天然气凝液(Natural Gas Liquid,NGL)等皆属于天然气处理的范畴。

天然气净化:主要是指脱除天然气中的 H_2S、CO_2、H_2O,天然气净化涉及的工艺过程除脱硫、脱碳、脱水外,通常还有将过程中生成的酸气回收制硫的克劳斯法硫回收过程及其后继必要的尾气处理过程。

天然气加工:主要是指 NGL 回收、天然气液化、天然气提氦 3 种工艺过程。

这里主要介绍天然气脱硫、脱碳、脱水、凝液回收部分的在线分析技术,天然气脱硫(脱碳)、脱水、凝液回收单元中在线分析仪器配置如下:

①根据需要,可在原料天然气管线上设置在线色谱仪,分析原料天然气的组成,以适应原料天然气组成不断变化的情况,提高天然气处理厂的操作水平。

②在脱硫装置入口管线上设置 H_2S 在线分析仪,测量原料天然气的 H_2S 含量;在出口管线上设置微量 H_2S 分析仪,监测产品天然气的 H_2S 含量,了解脱硫效果,指导脱硫操作。

③在脱硫装置出口管线上设置总硫在线分析仪,监测产品天然气的总硫含量。

④在脱水装置出口管线上设置在线微量水分仪,监测产品天然气的微量水分含量和水露点,指导脱水操作。

⑤在凝液回收装置流程管线和出口管线上设置在线色谱仪(1台或多台),了解天然气烃类组分分离情况,分析分离后天然气及液烃产品的组成,有时也用来分析混合冷剂的组成,指导工艺操作。

⑥在凝液回收装置脱烃后的天然气管线上设置烃露点分析仪,监视脱烃效果,指导脱烃操作。

上述在线分析项目中,第①—④项适用于纯气田天然气(气藏气),而第①—⑥项则适用于凝析气藏天然气(凝析气)和油田伴生天然气(伴生气)。

1.2.2　在线分析仪器应用的主要领域

在线分析仪器应用的领域主要有流程工业、环境监测领域以及其他相关的科研监测、过程分析领域,包括农业、食品、制药等生产过程的分析监测。

(1)流程工业领域

纵观全球,德国"工业4.0""美国工业互联网"和"中国制造2025"的核心是自动化和信息化融合。其中,工业过程在线分析检测技术是信息化的基石,典型流程工业过程产物的化学组成的在线分析技术显得尤其重要。

在石油、化工、冶金、矿产、能源等重要流程工业的实时优化控制中,在线分析仪器及在线分析系统提供的成分量信息作为过程控制的直接参量参与自动化控制。如在石化等行业,在线分析所提供的质量成分信息与常规仪表检测、自动化控制技术信息的完美结合,实现了对工艺过程的实时优化控制,为过程设备的优质高效、安全生产、节能降耗提供了重要保证。

在线分析技术能实时测定物料成分和特征参数;有效监控物料的反应率、转化率、吸收率、合成率、变换率及各种加热炉的燃烧效率等;有效预防催化剂中毒,延长使用寿命;有效降低物料成本,保护设备安全运行,判断设备腐蚀状态,提前预报事故发生;有效实现工艺操作的连锁报警,确保生产装置的安全、高效运行。

(2)环境监测领域

环境监测领域的在线分析仪器最早用于大气环境污染的连续监测,目前主要用于固定污染源的废气废液的连续排放监测、环境空气质量的连续监测、水环境监测包括地表水和废水排放的监测等,提供了"控源减排"、环境保护等重要监测信息数据。

在线分析仪器对环境进行自动监测,有效控制污染物的实时排放、监测污染治理设备的运行状态,提供污染物实时排放数据、总量排放数据等有效统计数据,为污染物总量排放控制,污染物排放执法以及改善环境质量,提供了有力的技术支撑。例如对脱硫、脱硝、除尘设备的入口原烟气及出口净烟气的气态污染物和颗粒物的排放监测。

1.2.3　在线分析仪器的研究与发展

1957年,南京分析仪器厂研制了我国流程工业第一台热导CO_2气体分析仪,用于发电厂锅炉燃烧的烟气检测。在线分析仪器的系统集成技术在20世纪80年代开始发展,开发了转炉煤气、水泥旋窑尾气及石油裂解等装置的多项成套分析系统技术,突破了国产在线分析仪器在高温、高尘条件下的样品处理技术。国内在线分析仪器及分析系统行业存在科技投入少、行业自主创新能力弱、专业技术人员队伍薄弱等问题,使国内在线分析仪器及分析系统技术与国外先进技术存在差距,特别是中高端产品技术开发,基础元件、关键部件和软件技术开发以及产品可靠性技术等,都是国内在线分析仪器及分析系统技术发展的"瓶颈"。总体来讲,我国在线分析仪器基础研究力量比较薄弱,自有和原创技术较少,大部分市场被国外产品占据。据报道,目前已有40余家国外在线分析仪器公司进入中国,占领了我国80%的市场。例如石化行业应用的在线色谱仪分析小屋,其中在线色谱仪基本是西门子、ABB、横河等品牌产品,国内的系统集成代理商大多负责样品处理系统及分析小屋的系统集成。

在线分析仪器是否用好,除了分析仪自身外,还取决于样品处理系统的完善程度和可靠性,因为分析仪无论如何先进和精密,分析精度也要受到样品的代表性、实时性和物理状态的限制。事实上,样品处理系统使用中遇到的问题往往比分析仪本身要多得多,样品处理系统的维护量也往往超过分析仪本身。

国外对样品处理技术的研究比较深入,有关标准和专著已有多种。样品处理系统的制造已经专业化,已有多家专业生产样品处理部件和系统的厂家。国内样品处理技术研究和样品处理系统设计、制造方面已有具有自主知识产权的成套设备,但总体数量还不够多。

国家的安全节能、污染减排以及循环经济、绿色经济的政策,将给在线分析监测行业带来新的发展机遇。在技术创新政策推进下,国内在线分析行业的重点企业已加大对技术创新的发展力度,部分产品技术水平已达到国外同类水平,国内在线分析仪器及分析系统行业预期将会有更大发展。

1.3 在线分析仪器的性能特性

1.3.1 在线分析仪器的主要性能特性和表示方法

在线分析仪器的类型繁多,功能各异,其性能特性含义广泛,但大体上可以分成以下两类。

一类性能特性与仪器的工作范围和工作条件有关。工作范围主要是指测量对象、测量范围、量程等,对于不同的分析仪器,工作范围是不同的。工作条件包括对环境条件的适应性、对样品条件的要求等。在线分析仪器直接安装在工业现场,对工艺流程物料连续进样分析,因此,仪器对环境条件的适应性(包括防爆性能和环境防护性能等)要求比较严格,对样品条件(温度、压力、流量等)要求也比较严格,工作条件方面的性能特性与实验室分析仪器相比,有较大区别。

另一类性能特性与仪器对分析信号的响应值有关。这类性能特性对不同的分析仪器,数值和量纲可能有所不同,但它们的定义是共同的,是不同类型分析仪器共同具有的性能特性,是同一类分析仪器进行比较的重要依据,也是评价分析仪器基本性能的重要参数。这类性能特性主要有:准确度、灵敏度、稳定性、重复性、线性范围、响应时间等。

(1) 测量误差

仪器的测量误差是指仪器的指示值与被测量真值的差值。误差的表示方法有多种,目前分析仪器中常用的几种表示方法如下:

①绝对误差：

$$绝对误差 = 测量结果 - 约定真值 \qquad (1.1)$$

②相对误差：相对误差表示绝对误差所占约定真值的百分比，常常分为仪表满量程相对误差和仪表读数相对误差。

$$仪表满量程相对误差 = \frac{绝对误差}{测量上限 - 测量下限} \times 100\% \qquad (1.2)$$

$$仪表读数相对误差 = \frac{绝对误差}{仪表示值} \times 100\% \qquad (1.3)$$

③基本误差：又称为固有误差，是指仪器在参比工作条件下使用时的误差。所谓参比工作条件，是指对仪器的各种影响量、影响特性（必要时）所规定的一组带有允差的数值范围。由于参比工作条件是比较严格的，所以这种误差能够更准确地反映仪器所固有的性能，便于在相同条件下，对同类仪器进行比较和校准。

④影响误差：当一个影响量在其额定工作范围内取任一值，而其他全部影响量处在参比工作条件时测定的误差。例如环境温度影响误差、电源电压波动影响误差等。

⑤干扰误差：由存在于样品中的干扰组分所引起的误差。这是针对分析仪器提出的一个性能特性。

上述几种误差的关系：基本误差是表征仪器准确度的基本指标，产品样本和说明书中的绝对误差、相对误差（包括引用误差）均应理解为基本误差，而影响误差、干扰误差只有在必要时才列出。

（2）测量不确定度

测量不确定度主要用于精密测量，工程测量中较少使用，目前标准气体、高纯气体和一部分标准仪器中使用该性能指标，所以在此仅作一简介。

简单地说，测量不确定度表示仪器的指示值与被测量真值接近的程度。或者说，由于测量误差的存在，对测量值不能肯定的程度。测量误差由系统误差和随机误差两个分量合成，测量不确定度主要来自随机误差，随机误差产生的原因很多，而且不可能完全消除，所以测量结果总是存在随机不确定度。对测量结果来说，不确定度表示其分散程度。

测量不确定度是一个可量化的参数，可通过对其组成量的计算给出。它由多个分量组成，其中一些分量可用测量结果的统计分布估算，用实验标准偏差 S 表征（称为 A 类不确定度）；另一些分量则可用基于经验或其他信息的假定概率分布估算，也可用类似于标准偏差的量 U_j 表征（称为 B 类不确定度）。将 A 类不确定度和 B 类不确定度按均方根的方式组合起来就得出"合成标准不确定度"U_C；再乘以包含因子 k（该因子与测量所要求的置信概率相关，表示测量值的可信程度，其值为 $1 \sim 3$），将得出"扩展不确定度"，或称为"总不确定度"，以 U 表示。

（3）灵敏度

灵敏度是指被测物质的含量或浓度改变一个单位时分析信号的变化量，表示仪器对被测定量变化的反应能力。也可以说，灵敏度是指仪器的输出信号变化与被测组分浓度变化之比，这一数值越大，表示仪器越敏感，即被测组分浓度有微小变化时，仪表就能产生足够的响应信号。

如果仪器的输入/输出是线性特性，则仪器的灵敏度是常数；如果是非线性特性，则灵敏度在整个量程范围内是变数，它在不同的输入/输出段是不一样的。如果仪器的输入/输出具有相同的单位，则灵敏度就是放大倍数；如果是不同的单位，则灵敏度是转换系数。

（4）检测限

检测限又称检出限，又称为最小可检测变化，是指能产生一个可以识别的被测物质的分析信号所需要的该物质的最小含量或最小浓度，是表征和评价分析仪器检测能力的一个基本指标。在测量误差遵从正态分布的条件下，指能用该分析仪器以给定的置信度（通常取置信度99.7%，有时也用置信度95%）检出被测组分的最小含量或最小浓度。

显然，分析仪器的灵敏度越高，检测限越低，所能检出的物质量值越小，所以以前常用灵敏度来表征分析仪器的检测限。但分析灵敏度直接依赖于检测器的灵敏度与仪器的放大倍数。随着灵敏度的提高，通常噪声也随之增大，而信噪比和分析方法的检出能力不一定会改善和提高。由于灵敏度未能考虑到测量噪声的影响，因此，现在已不用灵敏度来表征分析仪器的最大检出能力，而推荐用检测限来表征。

（5）分辨力和选择性

①分辨力：是指仪器区别相邻近信号的能力。不同分析仪器所指的相邻近信号有所不同，如光谱仪所指的一般是最邻近的波长，色谱仪所指的是最邻近的两个峰，而质谱仪所指的是最邻近的两个质量数。所以不同分析仪器的分辨力所指也有所不同。

②选择性：是指仪器对被测组分以外的其他组分呈低灵敏度或无灵敏度的能力。选择性可用干扰系数来描述，干扰系数是指仪器对相同浓度的被测组分和干扰组分的响应比。

选择性和分辨力意义相近，但又有差异，选择性是对相类似的组分而言，分辨力是对相邻近的信号而言。

（6）线性度、线性误差和线性范围

①线性度：仪器的校准曲线与规定直线（一般为被测量的线性函数直线）之间的吻合程度。

②线性误差：又称非线性误差，是指仪器的校准曲线与规定直线的最大偏差，一般用该偏差与仪器量程的百分数表示。由于仪器的实际输出是经过校准曲线校正的，所以将线性误差定义为：仪器实际读数与通过被测量的线性函数求出的读数之间的最大差异。

③线性范围：是指校准曲线所跨越的最大线性区间，用来表示对被测组分含量或浓度的适用性。仪器的线性范围越宽越好。

可以用仪器响应值或被测定量值的高端值与低端值之差来表征仪器的线性动态范围，也可用两者之比来表征仪器的线性动态范围。

（7）重复性

①重复性：又称重复性误差。重复性误差是指用相同的方法、相同的试样、在相同的条件下测得的一系列结果之间的偏差。相同的条件是指同一操作者、同一仪器、同一实验室和短暂的时间间隔。重复性误差用实验标准偏差来表示，它与测量的精密度是同一含义。

②实验标准偏差：又称标准偏差估计值，是指在对同一被测量进行 n 次测量时，表征测量结果分散程度的参数 S，S 由式（1.4）计算：

$$S = \sqrt{\frac{\sum\limits_{i=1}^{n} (x_i - \bar{x})^2}{n-1}} \tag{1.4}$$

式中　　S——实验标准偏差；

　　　　x_i——第 i 次测量结果；

　　　　$\bar{x}$——所测量的 n 个结果的算术平均值。

(8) 稳定性

稳定性是指在规定的工作条件下，输入保持不变，在规定时间内仪器示值保持不变的能力。分析仪器的稳定性可用噪声和漂移两个参数来表征。

①噪声：又称输出波动，不是由被测组分的浓度或任何影响量变化引起的相对于平均输出的波动，或者说由于未知的偶然因素所引起的输出信号的随机波动。它干扰有用信号的检测。在零含量(浓度)时产生的噪声，称为基线噪声，它使检出限变差。噪声体现了随机误差的影响。

②漂移：漂移是指分析信号朝某个一定的方向缓慢变化的现象。漂移包括零点漂移、量程漂移、基线漂移。漂移表示了系统误差的影响。

(9) 电磁兼容性

电磁兼容性是工业过程测量和控制仪表的一项技术性能。由于工业仪表总是和各类产生电磁干扰的设备在一起工作，因此不可避免地受电磁环境的影响。如何使不同的电气、电子设备能在规定的电磁环境中正常工作，又不对该环境或其他设备造成不允许的扰动，这就是电磁兼容性标准规定的内容。它包括抗扰性和发射限值两类要求。

工业仪表受电磁环境干扰的干扰源主要来自各类开关装置、继电器、电焊机、广播电台、电视台、无线通信工具以及工业设备产生的电磁辐射，带静电荷的操作人员也可能成为干扰源。

干扰源通过工业仪表的电源线、信号输入输出线或外壳，以电容耦合、电感耦合、电磁辐射的形式导入，也可通过公共阻抗直接导入。

绝大部分工业仪表是由电子线路组成的，工作电流很小，并带有微处理器，对电磁干扰十分敏感，故在设计制造中，必须经受再现和模拟其工作现场可能遇到的电磁干扰环境的各种试验，以使它们的技术特性符合电磁兼容性标准的要求。

(10) 响应时间和分析滞后时间

①响应时间：表征仪器测量速度的快慢。通常定义为从被测量发生阶跃变化的瞬时起，到仪器的指示达到两个稳态值之差的 90% 处所经过的时间。这一时间称为 90% 响应时间，用 T_{90} 标注。

上面的定义针对仪器而言，对于一个由取样、样品传输和预处理环节及分析仪器组成的在线分析系统来说，则往往用分析滞后时间来衡量测量速度的快慢。

②分析滞后时间：等于"样品传输滞后时间"和"分析仪器响应时间"之和，即样品从工艺设备取出到得到分析结果这段时间。样品传输滞后时间包括取样、传输和预处理环节所需的时间。

(11) 可靠性

可靠性是指仪器的所有性能(准确度、稳定性等)随时间保持不变的能力，也可以解释为仪器长期稳定运行的能力，平均无故障运行时间是衡量仪器可靠性的一项重要指标。

(12) 检定和校准

分析仪器在日常使用中要进行校准，长期使用，特别在修理或调试后需要进行检定或校准。检定和校准都是"传递量值"或"量值溯源"的一种方式，为仪器的正确使用建立准确、一致的基础。检定是定期的，是对仪器计量性能较全面的评价。校准是日常进行的，是对仪器主要性能的检查，以保证示值的准确。检定与校准两者互为补充，不能相互替代。

①检定：为评价仪器的计量性能，以确定其是否合格所进行的工作。检定方法主要是利用标准物质评价仪器的性能。检定内容主要是检验仪器的准确度、重复性和线性度。检定的依

据是国家或行业发布的检定规程,其内容包括规程的适用范围、仪器的计量性能、检定项目、条件和方法、检定结果和周期等。

②校准:在规定的条件下,检验仪器的指示值和被测量值之间的关系的一组操作。可以利用校准的结果评价仪器的"示值误差"和给仪器标尺赋值。可以单点校准,也可选两个点(在待测范围的上端与下端)校准,还可进行多点校准。校准通常以标准物质作为已知量值的"待测物",利用标准物质的准确定值来进行,用校准曲线或校正因子表示校准结果。我们通常所说的标定、校正和校准是同一含义。

1.3.2 与气体分析器性能表示有关的术语和定义

常见的与气体分析器性能表示有关的术语和定义如下:

①气体分析器:输出信号为气体混合物中一种或多种组分的浓度、分压或露点温度的单调函数的分析器。

②稳定的试验气体混合物:气体混合物中的被测组分为已知,它们不与容器发生反应,且不被容器吸附。气体混合物的组分浓度及其不确定度的范围是已知的,且与评价的标准相一致。

③零点气:用于按照给定的分析步骤,在给定的校准范围内建立校准曲线零点的气体混合物。

④校准气:用于仪器定期校准和各种性能试验的已知浓度的稳定的试验气体混合物。

⑤基准值:一个明确规定的值,以此值为基准去定义基准误差。这个值可以是被测值、测量范围的上限值、刻度范围(量程范围)、预定值或其他明确规定的值。

⑥影响量:一般指样品处理系统或其部件外部的、可以影响系统或其部件性能的量,如环境温度、湿度、大气压力等。

⑦参比条件:带有允差的参比值和参比范围的一组影响量和性能特性的适当集合,按此规定固有误差。

⑧参比值:一组参比条件中的某个规定值。对参比值应规定允差。

⑨参比范围:一个或一组参比条件的值所规定的范围。

⑩极限条件:工作状态下的测量仪器能经受超出正常工作的条件,当它恢复在额定工作条件下继续工作时,不致损坏和降低其计量性能。

⑪滞后时间(T_{10}):从被测特性值发生阶跃变化的瞬间起,到示值变化通过且保持在超过其稳态振幅值之差的10%所经过的时间。在上升滞后时间和下降滞后时间不同的情况下,应对它们分别作出规定,如图1.2所示。

⑫90%响应时间(T_{90}):从被测特性值发生阶跃变化的瞬间起,到示值变化通过且保持在超过其稳态振幅值之差的90%所经过的时间,即:$T_{90}=T_{10}+T_r$(或 T_f)。在上升响应时间和下降响应时间不同的情况下,应对它们分别作出规定,如图1.2所示。

⑬上升(下降)时间(T_r、T_f):90%响应时间与滞后时间之差,如图1.2所示。

⑭预热时间:在参比条件下,从接通电源起,到单元或仪器能够执行并保持在其规定的误差极限内所必需的一段时间。

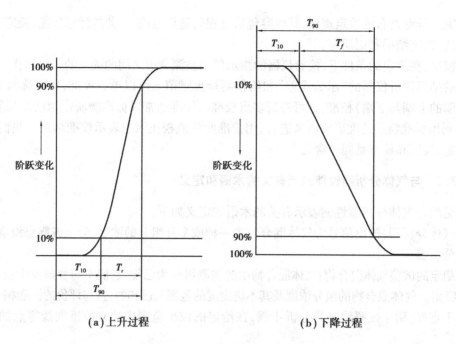

（a）上升过程　　　　　（b）下降过程

图 1.2　T_{90}、T_{10}、T_r 和 T_f 图示

1.4　在线分析常用浓度单位

气体浓度的表示方法有：摩尔分数、体积分数、质量浓度、质量分数、物质的量浓度、质量摩尔浓度等。在线分析仪器中气体浓度的表示方法主要有以下 4 种：

①气体的摩尔分数 x_B：组分 B 的物质的量与混合气体中各组分物质的量的总和之比。

$$x_B = \frac{n_B}{\sum\limits_{i=1}^{n} n_i} \tag{1.5}$$

式中　n_B——混合气体中组分 B 的物质的量，mol；

　　　n_i——混合气体中各组分物质的量，mol。

常用的单位是 %、10^{-6}、10^{-9}，即常用的 % mol（摩尔百分比）、ppm mol（摩尔百万分比）、ppb pol（摩尔十亿分比）。

②气体的体积分数 φ_B：组分 B 的体积 V_B 与混合气体中各组分体积 V_i 的总和之比。

$$\varphi_B = \frac{V_B}{\sum\limits_{i=1}^{n} V_i} \tag{1.6}$$

常用的单位是 %、10^{-6}、10^{-9}，即常用的 % Vol（体积百分比）、ppm Vol、ppb Vol。

这里有必要对气体的摩尔分数和体积分数之间的关系作一说明。

对于理想气体来说，满足摩尔分数 = 体积分数，即：$x_B = \varphi_B$。

应当指出，理想气体状态方程仅适用于常温常压下的一般干气体。对于一些较易液化的气体,如 CO_2、SO_2、NH_3、C_3 及 C_4 组分气体等在一般温度和压力下,与理想气体状态方程的偏差就较明显。另外,一些气体在高压、低温及接近液态时,应用理想气体状态方程也会带来较大偏差。因此,对于这些气体在应用理想气体状态方程时,应增加一个气体压缩系数 Z 来加以修正。

③气体的质量浓度 ρ_B:组分气体 B 的质量 m 与混合气体的体积 V 之比。

$$\rho_B = \frac{m}{V} \tag{1.7}$$

常用的单位是 kg/m^3、g/m^3、mg/m^3。

④气体的质量分数 w_B:组分气体 B 的质量 m_B 与气体中各组分的质量 m_i 总和之比。

$$w_B = \frac{m_B}{\sum\limits_{i=1}^{n} m_i} \tag{1.8}$$

常用的单位是 %、10^{-6}、10^{-9}。质量分数就是常用的 %Wt(质量百分浓度)、ppm Wt、ppb Wt 表示。

气体分析中,一般不单独使用质量分数表示方法,仅用于气体和液体混合物浓度之间的相互换算。

思考题

1. 什么是在线分析仪器? 在线分析仪器如何分类?
2. 在线分析仪器的主要应用领域有哪些?
3. 什么是灵敏度? 什么是检出限?
4. 什么是检定? 什么是校准?
5. 什么是响应时间? 什么是分析滞后时间?
6. 在线分析仪器中气体浓度的表示方法主要有哪几种?

2

标准气体和辅助气体

在线分析仪器用的标准气体视气体组分数分为二元、三元和多元标准气体,其中二元标准气体常称为量程气。此外,仪器零点校准用的单组分高纯气体也属于标准气体,常称为零点气。

在线分析仪表常用的辅助气体有如下一些:

①参比气:多用高纯氮,有些氧分析仪也用某一浓度的氧作参比气。

②载气:用于气相色谱仪,包括高纯氢气、氮气、氩气、氦气。

③燃烧气和助燃气:用于气相色谱仪的 FID、FPD 检测器,燃烧气为氢气,助燃气为仪表空气。

④吹扫气:正压防爆吹扫采用仪表空气,样品管路和部件吹扫多采用氮气。

⑤伴热蒸汽:应采用低压蒸汽。

标准气、参比气、载气、燃烧气都可以通过购置气瓶获得。一些气体,如氢气、氮气、氧气等也可以购置气体发生器来获得。比较起来,气瓶具有种类齐全、压力稳定、纯度较高,使用方便等优点,因而使用较为普遍。

2.1 标准气体及其制备方法

2.1.1 标准气体及其制备方法

标准物质分为两个级别,一级标准物质代号为 GBW,二级标准物质代号为 GBW(E)。一级标准物质主要用于研究和评价标准方法,对二级标准物质定值等。二级标准物质常被称为工作标准物质,主要用于工作标准,以及同一实验室或不同实验室间的质量保证。标准气体属于计量标准物质范畴,分为国家一级标准气体和国家二级标准气体。

①国家一级标准气体:采用绝对测量法或用两种以上不同原理的准确可靠的方法定值。在只有一种定值方法的情况下,由多个实验室以同种准确可靠的方法定值,准确度具有国内最高水平,均匀性在准确度范围之内,稳定性在一年以上,或达到国际上同类标准气体的水平。

②国家二级标准气体:可以采用绝对法、两种以上的权威方法或直接与一级标准气体相比较的方法定值,准确度和均匀性未达到一级标准气体的水平,但能满足一般测量的需要,稳定

性在半年以上或能满足实际测量的需要。

一级和二级标准气体必须经国家质量监督检验检疫总局认可,颁发定级证书和制造计量器具许可证,并持有统一编号,一级标准气体的编号为 GBW××××,二级标准气体的编号为 GBW(E)××××××。GBW 是国家标准物质的汉语拼音缩写,其后的×代表数字(一级标准物质有 5 位数字,二级有 6 位数字),分别表示标准物质的分类号和排序号。

标准气体的制备方法可分为静态法和动态法两类。

①静态法主要有:质量比混合法、称量法、压力比混合法(压力法)、体积比混合法(静态体积法)。

②动态法主要有:流量比混合法、渗透法、扩散法、定体积泵法、光化学反应法、电解法和蒸汽压法。

瓶装标准气主要采用称量法和分压法制备。其他方法多用于实验室制备少量标准气。

瓶装标准气一般由专业配气厂家提供,由于气瓶与充装气体间会发生物理吸附和化学反应等器壁反应,对于某些微量或痕量气体(如活泼性气体、微量水、微量氧等),难于保持量值的稳定性,因而不宜用气瓶储存,而且用称量法或压力法制备的气体种类和含量范围也受到一定的限制。

其他方法可以弥补这一不足,例如渗透法适用于制备痕量活泼性气体或微量水分的标准气,扩散法适用于制备常温下为液体的微量有机气体的标准气,电解法适用于制备微量氧的标准气等。这些低含量的标准气要保证其量值长时间稳定不变是困难的,因此要求在临用时制备,并且输送标准气体的管路应尽可能短。这类标准气一般由仪器生产厂家或用户在仪器标定、校准时制备。

下面简要介绍几种标准气体的制备方法。

2.1.2　称量法

称量法是国际标准化组织推荐的标准气体制备方法。它只适用于组分之间、组分与气瓶内壁不发生反应的气体,以及在实验条件下完全处于气态的可凝结组分。用该法制备的标准气体的不确定度≤1%。称量法配气的国家标准是 GB/T 5274.1—2018《气体分析校准用混合气体的制备　第 1 部分:称量法制备》。

(1)配气原理

在向气瓶内充入已知纯度的某种气体组分的前后,分别称量气瓶的质量,由两次称量所得的读数之差来确定充入组分的质量。依次向气瓶内充入各种组分的气体,从而配制成一种标准混合气体。

混合气体中每一组分的质量浓度被定义为该组分的质量与混合气体所有组分总质量之比。标准气体一般采用摩尔浓度(摩尔分数),即混合气中每一组分的摩尔分数等于该组分物质的量(摩尔数)与混合气体所有组分总的物质的量之比。称量法的计算公式如下:

$$x_i = \frac{\sum\limits_{A=1}^{P}\left[\dfrac{x_{i,A}m_A}{\sum\limits_{i=1}^{n}x_{i,A}M_i}\right]}{\sum\limits_{A=1}^{P}\left[\dfrac{m_A}{\sum\limits_{i=1}^{n}x_{i,A}M_i}\right]} \tag{2.1}$$

式中　x_i——组分 i 的摩尔浓度，$i=1,2,\cdots,n$；

　　　A——$A=1,2,\cdots,P$，表示用于制备混合气的原料气；

　　　m_A——最终混合气中原料气 A 的质量，单位为克(g)；

　　　$x_{i,A}$——原料气中 A 中组分 i 的摩尔浓度；

　　　M_i——组分 i 的摩尔质量，单位为克每摩尔(g/mol)。

注:在这种计算方法里,所有原料气都可以被看作含有 n 个组分的混合气。

为了避免称量极少量的气体,对最终混合气体中每种组分规定一个最低浓度限,一般规定最低浓度限为1%,当所需组分的浓度值低于最低浓度限时,采用多次稀释的方法制备。

(2)配气装置及配气操作

称量法配气装置由气体充填装置、气体称量装置、气瓶及气瓶预处理装置组成。

1)气体充填装置

气体充填装置由真空机组、电离真空计、压力表、气路系统、气瓶连接件组成。标准气体的充填装置如图2.1所示。

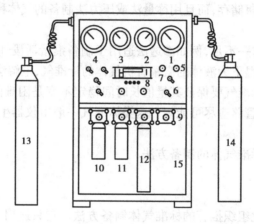

图2.1　标准气体充填装置

1、4—高压表;2—低压表;3—真空表;5、6—阀门;7—电离真空计;
8—指示灯;9—卡具;10、11—标准气瓶;12、13、14—原料气瓶;15—外壳

气路系统由高压、中压和低压真空系统三部分组成,使组分气体和稀释气体的充灌彼此独立,避免相互玷污。采用性能良好的阀门、压力表、真空计,尽量简化气路,减少接口,以保证系统的气密性能,并采用特殊设计的气瓶连接件以减少磨损。

在往气瓶中充入每一个组分之前,配气系统各管路应抽成真空,或者用待充的组分气体反复进行增压—减压来置换清洗阀门和管路,直到符合要求为止。为了避免先称量的组分气体的损失,在往气瓶中充入第二个组分气体时,该组分气体的压力应远高于气瓶中的压力。为了防止组分气体的反扩散,在充完每一个组分气体后,在热平衡的整个期间应关闭气瓶阀门,然后再进行称量。

2)气体称量装置

组分气体的称量是制备标准气体的关键,由于气瓶本身质量较大,而充入的气体组分质量相对很小,因此对天平要求很高,须采用大载荷(20 ~ 100 kg)、小感量(载荷 100 kg、感量10 mg或载荷 20 kg、感量 1 mg)的高精密天平。除了对天平有很高要求外,还要求保证一定的称量量(对于气体组分质量过于小的,采用多次稀释法配制)。

在称量操作中必须采取各种措施以保证称量达到高准确度：

①采用形状相同，质量相近的参比气瓶进行称量，即在天平的一侧放置一个参比气瓶，另一侧放待测气瓶加砝码，使之平衡。参比瓶称量可以抵消气瓶浮力、气瓶表面水分吸附、静电等影响。

②在待称气瓶一侧进行砝码加减操作，以消除天平的不等臂误差。

③在气瓶充分达到平衡后进行称量。

④轻拿轻放、保持气瓶清洁，避免玷污及磨损。

⑤称量操作进行 3 次，取平均值。

3）气瓶及气瓶预处理装置：

一般采用 8 L、4 L、2 L 气瓶充装标准气体。

气瓶预处理装置用于气瓶的清洗、加热及抽空。加热的温度在一定范围内可以任意设置，钢瓶一般加热到 80 ℃，时间 2 ~ 4 h，真空度为 10 Pa。

2.1.3 压力法

压力法又称分压法，适用于制备在常温下为气体的，含量在 1% ~ 50% 的标准混合气体。用该法制备的标准气体的不确定度为 2%。压力法配气的国家标准是 GB/T 14070—1993《气体分析校准用混合气体的制备　压力法》。

(1)配气原理

用压力法配制瓶装标准混合气体，主要依据理想气体的道尔顿定律，即在给定的容积下，混合气体的总压等于混合气体中各组分分压之和。理想气体的道尔顿分压定律为：

$$P = \sum_{i=1}^{k} P_i$$

$$P = \frac{nRT}{V} \qquad P_i = \frac{n_i RT}{V}$$

$$x_i = \frac{P_i}{P} = \frac{n_i}{n} \tag{2.2}$$

$$P_i = Px_i$$

式中　P、P_i——分别为混合气体的总压和混合气体中组分 i 的分压；

n、n_i——分别为混合气体的总摩尔数和组分 i 的摩尔数；

x_i——组分 i 的摩尔浓度。

(2)配气装置及配气操作

分压法配气装置主要由汇流排、压力表、截止阀、真空泵、连接管路、接头等组成，如图2.2所示。该装置结构简单，配气快速方便。汇流排并联支管的多少可按配入组分数的多少及一次配气瓶数的多少来确定，一般为 5 ~ 10 支。

组分和稀释气依次充入密封的气瓶中，该气瓶应预先处理、清洗和抽空，必要时先在 80 ℃下烘 2 h 以上。每次导入一种组分后，需静置 1 ~ 2 min，待瓶壁温度与室温相近时，测量气瓶内压力，混合气的含量以压力比表示，即各组分的分压与总压之比。

但是，实际气体并非理想气体，只有少数气体在较低压力下可用理想气体定律来计算。对于大多数气体，用理想气体定律计算会造成较大的配制误差。因此，对于实际气体需用压缩系数来修正,但用压缩系数修正计算比较麻烦,现在多采用气相色谱法等来分析定值。

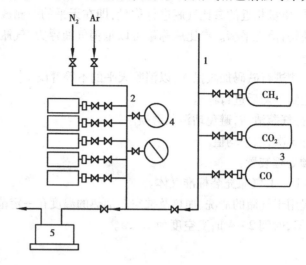

图2.2 压力法配气装置示意图

1—原料气汇流排;2—标准混合气汇流排;3—原料气钢瓶;4—压力表;5—真空泵

用压力法配气时,为了提高配气的准确度必须注意以下6点:

①必须使用纯度已知的稀释气和组分纯气,特别要注意稀释气中所含的欲配组分的含量。

②采用高精度压力表。由于分压法配气的主要依据是观察压力表的数值来计算所配标准混合气体的含量,压力表精度会直接影响配气的准确度。

③选用密封性好的瓶阀。在配制瓶装标准气体时,必须对气瓶进行抽空处理,如果瓶阀的密封性能不好,抽空时会使空气漏入而影响真空度。

④在加入各组分气时,充压速度应当缓慢。在条件允许的前提下,待加入的组分冷却到室温时,再测量气瓶中的压力。

⑤在计算各组分分压时,是假设温度不变时的压力,而实际充气过程中会造成一定的温度升高,正确测量瓶体温度是保证分压法配气准确度的重要条件之一。

⑥在配制混合气体时,不允许有某一气体组分在充入气瓶后变成液体。如果出现上述情况,在使用和分析时,不但会造成很大的偏差,而且是极不安全的。

2.1.4 渗透法

渗透法适用于制备含痕量活泼性气体(如 SO_2、NO_2、NH_3、H_2S、Cl_2、HF 等)或含微量水分的标准气,用该法制备的标准气体的不确定度为2%。渗透法配气的国家标准是 GB 5275—2005《气体分析校准用混合气体的制备 渗透法》。

(1)配气原理

渗透管内装有纯净的组分物质,管内的组分气体通过渗透膜扩散到载气流中。经过控制为已知流量的载气,部分或全部地流过渗透管,它起着载带渗出的组分气体分子的作用,同时也是构成混合气体的背景气。载气一般采用99.999%的高纯氮气,且不允许含有痕量的组分气体。通过渗透膜的渗透速率取决于组分物质本身的性质、渗透膜的结构和面积、温度以及管内外气体的分压差,只要对渗透管进行正确操作,这些因素能保持恒定。

如果渗透速率保持恒定,则可在适当的时间间隔内,用称量的方法来测定渗透管的渗透率,其计算式为:

$$渗透率 = \frac{两次称量之间组分物质因渗透所损失的质量(\mu g)}{两次称量之间的时间间隔(min)} \qquad (2.3)$$

除称量法以外,其他测定渗透率的方法尚有体积置换法和分压测定法。

所制备的校准用混合气体的浓度是渗透管的渗透率和背景气体流量的函数,以制备 SO_2 校准气为例,其浓度由式(2.4)给出:

$$C_m = \frac{q_m}{q_v} \qquad (2.4)$$

式中 C_m——SO_2 的质量浓度,$\mu g/m^3$;

q_m——SO_2 渗透管的渗透率,$\mu g/min$;

q_v——背景气体(载气)的流量,m^3/min。

若用体积分数来表示浓度,则必须考虑 SO_2 的摩尔体积,从而得到以下关系式:

$$C_v = K \times \frac{q_m}{q_v} \qquad (2.5)$$

式中 C_v——SO_2 的体积分数浓度;

K——为常数,值为 0.38×10^{-9},单位为 $m^3/\mu g$。

例如通入分析仪器的流量 q_v 为 18 L/h,SO_2 渗透管的渗透率 q_m 为 1 $\mu g/min$,则 SO_2 的体积分数浓度 C_v 约为 1×10^{-6}(ppmV)。

(2)渗透管

几种渗透管的结构如图 2.3 所示。

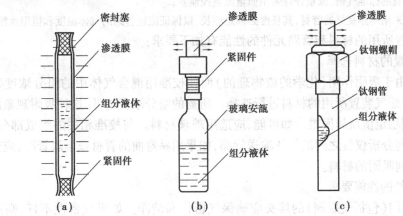

图 2.3 几种渗透管的结构

许多具有良好化学惰性和机械性能的聚合物,都可以用作渗透膜,通常采用聚四氟乙烯(PTFE)、聚乙烯、聚丙烯或四氟乙烯和六氟乙烯的共聚物(FEP)。

为了避免组分中的杂质对渗透率的影响,装入渗透管中的组分物质应是高纯物质,如果不是高纯物质,则杂质的性质和含量是已知的,并应考虑到这些杂质所造成的影响。

渗透管内的组分物质有液相和气相两种状态。渗透膜可以只与液相接触,或只与气相接触,也可能两者兼而有之。不管属于哪种情况,在没有肯定接触相对渗透率没有影响之前,渗透管在使用和渗透率测定时,组分物质与渗透膜的接触相应该相同。

(3)配气装置

渗透法配气装置如图2.4所示。

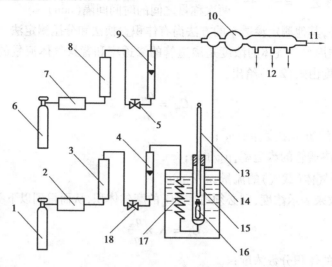

图2.4　渗透法配气装置

1—载气;2—稳流稳压系统;3—净化系统;4—流量计;5—流量调节阀;6—稀释气体;
7—稳流稳压系统;8—净化系统;9—流量计;10—混合器;11—排空;12—校准混合气体输出;
13—温度计;14—恒温浴;15—气体发生瓶;16—渗透管;17—预热管;18—流量调节阀

注:

①为获得正确的标准气值,流量计应采用质量流量控制器;

②预热管应采用传热良好的管材,其长度必须足够长,以保证流经管路的气体温度和恒温水浴一致。

对配气装置所用的材料和管路元件的性能有如下要求:

1)配气装置的材料选择

为了避免由于吸附作用(化学的或物理的)而使校准用混合气体中的组分浓度发生任何变化,应对渗透配气装置所用的材料进行选择。所需的组分浓度越低,这种吸附现象的影响就越大,浓度达到稳定值就越困难。如可能,应选用玻璃材料。与校准相关的组成部分,特别是渗透配气装置与分析仪器之间的气体输送管路,如果用易弯曲的管材或金属管时,应选用对组分气体没有任何吸附的材料。

2)管路元件的性能要求

各管路、阀门(包括气瓶阀)的接头应确保气密性和洁净。如果气密性不好,则进入到样品气体或校准气体中的污染空气的体积浓度与该系统的泄漏率成正比,与样品气体或校准气体的体积流速成反比。要选用死空间体积小的阀门和连接件,特别要考虑到死空间体积所存的湿气和空气,它很难抽除或吹出。管路应尽可能短,而且应尽可能干燥。

减压阀应确保气密性良好,如果可能的话,将其干燥,以除去所吸附的气体,考虑到湿度,如果管路部件(调节阀、材料性质等)允许的话,建议干燥温度选用100 ℃。为确保安全,建议在减压器出口处安装节流阀和截止阀,以防止反扩散。

2.2 高纯气体

2.2.1 各级纯气的等级划分

各级纯气的等级划分见表2.1。表2.1中的"N"是英文Nine的缩写,表示其纯度百分比中有几个"9"。高纯气体的纯度≥5 N,超纯气体的纯度则≥6 N。

表2.1 各级纯气的等级划分

等 级	纯 度	杂质含量
6.5N	99.999 95%	0.5 ppm
6N	99.999 9%	1 ppm
5.5N	99.999 5%	5 ppm
5N	99.999%	10 ppm
4.5N	99.995%	50 ppm
4N	99.99%	100 ppm
3.5N	99.95%	500 ppm
3N	99.9%	1 000 ppm
2.5N	99.5%	5 000 ppm
2N	99%	10 000 ppm

2.2.2 高纯氮

氮气一般是由空气分离制得,从液态空气中制取的氮气,含氮量在99%以上,其中含有少量的水、氧和二氧化碳等杂质。国家标准GB/T 8979—2008《纯氮、高纯氮和超纯氮》要求高纯氮的主要技术指标应达到表2.2的要求。

表2.2 高纯氮的技术指标

项 目		指 标		
		纯 氮	高纯氮	超纯氮
氮气纯度(体积分数)/10^{-2}	≥	99.999 6	99.999 3	99.999
氧含量(体积分数)/10^{-6}	≤	1.0	2.0	3.0
氩含量(体积分数)/10^{-6}	≤	—	—	2
氢含量/(体积分数)/10^{-6}	≤	15	1	0.1
一氧化碳含量/(体积分数)/10^{-6}	≤	5	1.0	0.1
二氧化碳含量/(体积分数)/10^{-6}	≤	10	1	0.1
甲烷含量/(体积分数)/10^{-6}	≤	5	1	0.1
水分含量/(体积分数)/10^{-6}	≤	15	3	0.5

2.2.3 高纯氢

氢气一般由电解水制取,其纯度为 99.5% ~ 99.9% ,主要杂质有水、氧、氮、二氧化碳等。国家标准 GB/T 3634.2—2011《氢气 第 2 部分:纯氢、高纯氢和超纯氢》要求纯氢、高纯氢和超纯氢的主要技术指标应达到表 2.3 的要求。

表 2.3 高纯氢的技术指标

项 目		指 标		
		纯 氢	高纯氢	超纯氢
氢气纯度(体积分数)/10^{-2}	≥	99.99	99.999	99.999 9
氧含量(体积分数)/10^{-6}	≤	5	2	0.2
氩含量(体积分数)/10^{-6}	≤	供需商定	供需商定	0.2
氮含量(体积分数)/10^{-6}	≤	60	5	0.4
一氧化碳含量(体积分数)/10^{-6}	≤	5	1	0.1
二氧化碳(体积分数)/10^{-6}	≤	5	1	0.1
甲烷含量(体积分数)/10^{-6}	≤	10	1	0.1
水分含量(体积分数)/10^{-6}	≤	10	3	0.5
杂质总含量(体积分数)/10^{-6}	≤	—	10	1

2.2.4 高纯氧

氧气多数是从液态空气中制取的,其中含有微量的水、氮、二氧化碳及一些惰性气体。国家标准 GB/T 14599—2008《纯氧、高纯氧和超纯氧》要求高纯氧的主要技术指标应达到表 2.4 的要求。

表 2.4 高纯氧的技术指标

项 目		指 标		
		纯 氧	高纯氧	超纯氧
氧纯度(体积分数)/10^{-2}	≥	99.995	99.998	99.999 9
氢含量(体积分数)/10^{-6}	≤	1	0.5	0.1
氩含量(体积分数)/10^{-6}	≤	10	2	0.2
氮含量(体积分数)/10^{-6}	≤	20	5	0.1
二氧化碳含量(体积分数)/10^{-6}	≤	1	0.5	0.1
总烃含量(体积分数)(以甲烷计)/10^{-6}	≤	2	0.5	0.1
水分含量(体积分数)/10^{-6}	≤	3	2	0.5

2.2.5 高纯氩

氩气一般由液态空气分馏制取,氩含量在 99.7% 以上,所含的杂质主要有氧、氮、氢、二氧化碳、水和有机气体。国家标准 GB/T 4842—2017《氩》要求高纯氩的主要技术指标应达到表 2.5 的要求。

表 2.5 高纯氩的技术指标

项 目		指 标	
		高纯氩	纯 氩
氩纯度(体积分数)/10^{-2}	≥	99.999	99.99
氢含量(体积分数)/10^{-6}	≤	0.5	5
氧含量(体积分数)/10^{-6}	≤	1.5	10
氮含量(体积分数)/10^{-6}	≤	4	50
甲烷含量(体积分数)/10^{-6}	≤	0.4	5
一氧化碳含量(体积分数)/10^{-6}	≤	0.3	5
二氧化碳含量(体积分数)/10^{-6}	≤	0.3	10
水分含量(体积分数)/10^{-6}	≤	3	15

注:液态氩不检测水分含量

2.2.6 高纯氦

氦气是以天然气为原料,采取分离提纯法制得。另一种是以空气为原料,对空气加压降温液化,经过分离、精馏和提纯制得。用液氖冷凝法可制取纯度为 99% 的粗氦,经过常压液氮为冷源的低温吸附器净化后,再经负压液氮为冷源的低温固化分离器进一步净化,从而可获得 99.999% ~99.999 99% 的高纯氦气。国家标准 GB/T 4844—2011《纯氦、高纯氦和超纯氦》要求高纯氦必须达到表 2.6 规定的技术指标。

表 2.6 高纯氦的技术指标

项 目		指 标		
		纯 氦	高纯氦	超纯氦
氦气纯度(体积分数)/10^{-2}	≥	99.99	99.995	99.999	99.999 9
氖含量(体积分数)/10^{-6}	<	40	15	4	1
氢含量(体积分数)/10^{-6}	<	7	3	1	0.1
(氧+氩)含量(体积分数)/10^{-6}	<	5	3	1	0.1
氮含量(体积分数)/10^{-6}	<	25	10	2	0.1
一氧化碳含量(体积分数)/10^{-6}	<	1	1	0.5	0.1
二氧化碳含量(体积分数)/10^{-6}	<	1	1	0.5	0.1
甲烷含量(体积分数)/10^{-6}	<	1	1	0.5	0.1
水分含量(体积分数)/10^{-6}	<	20	10	3	0.2
总杂质含量(体积分数)/10^{-6}	≤	100	50	10	1

2.3 气瓶和减压阀

2.3.1 气瓶的种类、压力等级、标记和标识

(1)在线分析仪表常用气瓶的种类

在线分析仪表常用气瓶的种类见表2.7。

表2.7 在线分析仪表常用气瓶的种类

序 号	内容积/L	外径/mm	高度/mm	质量/kg	材 质
1	0.75	64	266	0.83	铝合金
2	2	108	350	1.87	铝合金
3	4	140	548	5.55	铝合金
4	8	140	880	8.75	铝合金
5	4	120	470	6.6	锰钢
6	40	230	1 500	65	锰钢

在线分析仪表使用的高纯气体通常用40 L钢瓶盛装,标准气体一般用8 L铝合金瓶盛装。通过对不同材质(碳钢、铝合金和不锈钢)气瓶的考查实验,证明采用铝合金气瓶储装标准气体较好。一般来说,铝合金气瓶可用来储装除腐蚀性气体以外的各种标准气体,它能保持标准气体微量组分含量长期稳定。普通的碳钢瓶经磷化处理后可以储装含量较高的O_2、N_2、CH_4等标准气体。H_2S及其他硫化物标准气体则需要制备在内壁经过特殊处理的钢瓶中,才能保证其量值的稳定性。不能储装在铝合金瓶中的气体组分见表2.8。

表2.8 不能储装在铝合金钢瓶的气体组分

序 号	气体名称	分子式	序 号	气体名称	分子式
1	乙炔	C_2H_2	8	溴甲烷	CH_3Br
2	氯气	Cl_2	9	氯甲烷	CH_3Cl
3	氟	F_2	10	三氟化硼	BF_3
4	氯化氢	HCl	11	三氟化氯	ClF_3
5	氟化氢	HF	12	碳酰氯	$COCl_2$
6	溴化氢	HBr	13	亚硝酰氯	NOCl
7	氯化氰	CNCl	14	三氟溴乙烯	$CF_2 = CFBr$

(2)气瓶的压力等级

气瓶的压力等级即气瓶的公称压力见表2.9。从表中可以看出,公称压力≥8 MPa的属于高压气瓶,公称压力<8 MPa的属于低压气瓶,在线分析仪表使用的气瓶,绝大多数属于高压

气瓶。表中气瓶的水压试验压力,一般应为公称工作压力的 1.5 倍(气瓶的耐压检验采用水压试验)。

表 2.9　气瓶的压力等级

压力类别	高　压	低　压
公称工作压力/MPa	30,20,15,12.5,8	5,3,2,1
水压试验压力/MPa	45,30,22.5,18.8,12	7.5,4.5,3,1.5

气瓶的公称工作压力,对于盛装永久气体的气瓶,系指在基准温度(一般为 20 ℃)时,所盛装气体的限定充装压力;对于盛装液化气体的气瓶,系指温度为 60 ℃时瓶内气体压力的上限值。

(3)气瓶的标记和标识

气瓶属于压力容器,国家对气瓶特别是高压气瓶有严格的管理规定。一般说来,气瓶应有以下标记和标识:

①钢印标记:气瓶的钢印标记是识别气瓶的依据,打印在瓶肩或不可卸附件上。气瓶的钢印标记包括制造钢印标记和检验钢印标记,制造钢印标记标明气瓶制造者代号、气瓶编号、容积、设计压力、质量、制造年月等,检验钢印标记标明检验单位代号、检验日期、下次检验时间等。钢印的位置和内容应符合《气瓶的钢印标记和检验色标》的规定。

②外表漆色及字样:根据 GB/T 7144—2016《气瓶颜色标志》的规定,各种气体钢瓶的瓶身必须漆上相应的标志色漆,并用规定颜色的色漆写上气瓶内容物的中文名称,画出横条色环。外表漆色表明内装气体种类,字样标注内装气体名称,色环表明其最高使用压力。

③气瓶警示标签:气瓶充装单位必须在气瓶上粘贴符合国家标准 GB 16804—2011《气瓶警示标签》的警示标签和充装标签。警示标签表明内装气体的性质如可燃性、有毒、剧毒等,充装标签表明该气瓶已经灌装。

④其他标记:气瓶充装单位或用户也可在气瓶上悬挂铭牌,注明组分名称、组分含量、配制日期、有效期等,以便使用和核对。

2.3.2　气瓶减压阀

(1)气瓶减压阀的选用原则

①一般应选用双级压力减压阀。

②无腐蚀性的纯气及标准混合气体可采用黄铜或黄铜镀铬材质的减压阀。

③腐蚀性气体应选用不锈钢材质的减压阀,如 H_2S、SO_2、NO_x、NH_3 等。

④氧气和以氧为底气的标准气应采用氧气专用减压阀。

⑤可燃气体减压阀的螺纹应选反扣(左旋)的,非可燃气体减压阀的螺纹应选正扣(右旋)的。

⑥气瓶减压阀应当专用,不可随便替换。

有些用户在订购气瓶减压阀时往往提出一些过高要求,如全部采用不锈钢减压阀等。事实上,除腐蚀性气体外,其他气体采用铜质减压阀即可,铜质减压阀不但价格便宜,而且是最适宜和气瓶阀门接口连接的材质。

（2）双级压力减压阀

在线分析仪器使用的气瓶一般应选用双级压力减压阀,这是因为当气瓶内的压力逐步降低时,双级减压阀的输出特性比较稳定,输出压力基本不变。

单级和双级压力减压阀的原理结构和输出特性如图2.5、图2.6所示。

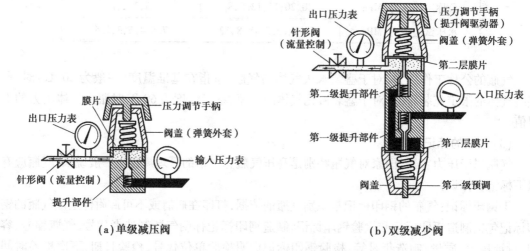

图2.5　单级和双级压力减压阀的原理结构图

（a）单级减压阀　　　　　　　　　（b）双级减少阀

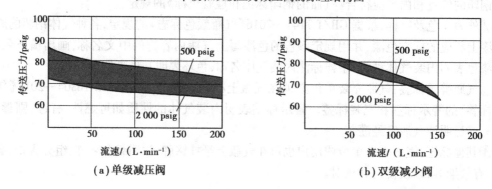

图2.6　单级和双级压力减压阀的输出特性图

（a）单级减压阀　　　　　　　　　（b）双级减少阀

在输出特性图2.6中,横坐标代表减压阀的输出流量,单位为 L/min;纵坐标代表减压阀的输出压力,单位为 psig(1 psig = 0.007 MPa);标有 2 000 psig 的曲线是气瓶内压力 14 MPa(140 kgf/cm²)时减压阀的输出曲线,标有 500 psig 的曲线是气瓶内压力 3.5 MPa(35 kgf/cm²)时减压阀的输出曲线。

从输出特性图可以看出:如气瓶内的压力保持不变,当输出流量变化时,单级减压阀的输出压力变化较小,而双级减压阀的输出压力变化较大。如输出流量保持不变,当气瓶内的压力变化时,双级减压阀的输出压力变化较小,而单级减压阀的输出压力变化较大。

气源压力、输出压力、输出流量三者之间是相互关联、相互影响的,单级和双级压力减压阀各有其优缺点和适用范围,应根据具体情况合理选择。一般来说,双级减压阀适用于气源压力变化很大或减压幅度很大的场合,其他场合宜选用单级减压阀。

在线分析仪器使用的标准气、参比气,在线色谱仪使用的载气和燃料气都要求压力和流量稳定,不允许有大的波动,而气瓶内的压力变化则是相当大的,所以,这些气瓶的减压阀应选用双级减压阀。

2.3.3 气瓶存放及安全使用要求

对气瓶的存放及安全使用有以下一些要求。

①气瓶应存放在阴凉、干燥、远离热源的地点或气瓶间内。存放地点严禁明火,并保证良好的通风换气。氧气瓶、可燃气瓶与明火距离应不小于 10 m,不能达到时,应有可靠的隔热防护措施,并且距离不得小于 5 m。

②搬运气瓶要轻拿轻放,防止摔掷、敲击、滚滑或强烈震动。

③气瓶应按规定定期作技术检验和耐压试验。各类气瓶的检验周期,不得超过下列规定:

a. 盛装腐蚀性气体的气瓶,每两年检验一次;

b. 盛装一般性气体的气瓶,每三年检验一次;

c. 盛装惰性气体的气瓶,每五年检验一次。

气瓶在使用过程中,发现有严重腐蚀、损伤或对其安全可靠性有怀疑时,应提前进行检验。库存和停用时间超过一个检验周期的气瓶,启用前应进行检验。不得使用超期未检的气瓶。

④高压气瓶的减压阀要专用,安装时螺扣要上紧(应旋进7圈螺纹,俗称吃七牙),不得漏气。开启高压气瓶时操作者应站在气瓶出口的侧面,动作要慢,以减少气流摩擦,防止产生静电。

⑤氧气瓶及其专用工具严禁与油类接触,氧气瓶附近也不得有油类存在,绝对不能穿用沾有油脂的工作服、手套及油手操作,以防万一氧气冲出后发生燃烧甚至爆炸。

⑥气瓶内气体不得全部用尽,必须留有一定压力的余气,称为剩余压力,简称余压。气瓶必须留有余压的原因有以下两点:

a. 气瓶留有余压,可以防止其他气体倒灌进去,使气瓶受到污染甚至发生事故。例如,气瓶不留余压,空气或其他气体就会侵入瓶内,下次再充气使用时就会影响测量的准确性甚至使分析失败。再如,氢气瓶内如果进入空气,空气中含有氧气,氢氧共存极易发生危险。

b. 气瓶充气前,配气单位对每一只气瓶都要做余气检查,不留余气的气瓶失去了验瓶条件。对于没有余气的气瓶,还要重新进行清洗抽空,万一疏忽,则会留下后患。

根据气体性质的不同,剩余压力也有所不同,如果已经用到规定的剩余压力,就不能再使用,并应立即将气瓶阀关紧,不让余气漏掉。气瓶剩余压力一般应为 0.2 ~ 1 MPa,至少不得低于 0.05 MPa。

2.3.4 瓶装气体使用时间的计算

瓶装气体的使用时间可按式(2.6)进行大致计算:

$$瓶装气体使用时间(min) = \frac{气瓶容积(L) \times (充装压力 - 剩余压力)/大气压力}{气体流量(L/min)} \quad (2.6)$$

例 2.1　气相色谱仪载气使用时间计算

气相色谱仪使用的载气主要是 H_2 和 N_2,普遍采用 40 L 钢瓶盛装。H_2 的充装压力一般 ≤12.5 MPa,N_2 的充装压力一般 ≤14.5 MPa,气瓶剩余压力一般为 0.5 MPa,大气压力设为 0.1 MPa。色谱仪要求的载气流量一般每个检测器为 80 ~ 120 mL/min,如按 0.1 L/min 计算。则:

$$每瓶氢气使用时间 = \frac{40 \times (12.5 - 0.5)/0.1}{0.1} = 48\ 000\ min = 800\ h \approx 33\ d$$

$$每瓶氮气使用时间 = \frac{40 \times (14.5 - 0.5)/0.1}{0.1} = 56\,000 \text{ min} \approx 933 \text{ h} \approx 39 \text{ d}$$

考虑到使用时载气有一定压力,并非等于大气压力,以及使用中的损耗等因素,实际使用时间比上述计算时间要少一些。

如果发现气瓶压力异常下降,则应检查系统中是否有泄漏或仪器工作是否正常。

2.3.5 输气管路和管件

标准气体和辅助气体的输气管路和管件包括管子、接头、阀门、压力和流量调节装置等。在输气期间,被输送的气体不应有以下情况发生:

①被其他气体(如空气中的组分或大气污染物)污染或改变性质。

②改变组成(例如由于吸收、吸附或渗透而引起的组成变化)。

③发生化学变化(如分解、氧化—还原反应等)。

为了防止上述现象的发生,应注意以下几点。

①应采用不锈钢材料的管子和部件,不锈钢对所有气体均无渗透性,吸附效应弱,一般不与被输送的气体发生化学反应。

②送气前,对管路系统进行充分吹扫。

③输气管路系统要具有很好的气密性。对于输送微量氧、微量水标准气以及高纯气体的管路,这一点尤为重要。因为这些气体中的微量组分(包括高纯气体中的微量杂质)分压很小,而大气中的这些组分(O_2、N_2、CO_2、H_2O)的分压很大,哪怕管路系统某处出现微小的泄漏,大气中的这些组分也会扩散到系统内而污染高纯气体。实验表明,其扩散速率与管路系统的泄漏速率成正比,所造成的污染与气体的体积流量成反比。

思考题

1. 在线分析仪器常用的标准气体和辅助气体有哪些?

2. 标准气体的制备方法有哪些?瓶装标准气采用什么方法制备?

3. 什么是称量法?其工作原理是什么?

4. 什么是分压法?试述其工作原理和配气过程。

5. 配制的标准气体中哪些组分不宜在钢瓶中存放或不宜长期存放?

6. 气瓶有哪些标记和标识?

7. 对气瓶的存放及安全使用有哪些要求?

8. 为什么气瓶必须留有一定余压?

9. 对标准气体和辅助气体的输气管路有何要求?

10. 为什么气瓶的减压阀应选用双级压力减压阀?

11. 气相色谱仪使用的标气一般采用 8 L 铝合金瓶盛装,充装压力一般 ≤10 MPa,气瓶剩余压力一般为 0.2 MPa,大气压力设为 0.1 MPa。色谱仪要求的标气流量一般每个检测器为 100 mL/min,计算气相色谱仪标准气使用时间。

3

红外线气体分析器

3.1 电磁辐射波谱和吸收光谱法

3.1.1 吸收光谱法

(1) 吸收光谱法的定义及涉及范围

吸收光谱法是波谱分析法中的一种。电磁辐射与物质相互作用时产生辐射的吸收,引起原子、分子内部量子化能级之间的跃迁,测量辐射波长或强度变化的一类光学分析方法,称为吸收光谱法。

吸收光谱法是基于物质对光的选择性吸收而建立的分析方法,包括原子吸收光谱法和分子吸收光谱法两类,紫外-可见分光光度法、红外吸收光谱法均属于分子吸收光谱分析法。

吸收光谱法所涉及的光谱名称、波长范围、量子跃迁类型和光学分析方法见表3.1。

表3.1 吸收光谱法所涉及的光谱名称、波长范围、量子跃迁类型和光学分析方法

光谱名称	波长范围	量子跃迁类型	光学分析方法
X 射线	$0.01 \sim 10$ nm	K 和 L 层电子	X 射线光谱法
远紫外线	$10 \sim 200$ nm	中层电子	真空紫外光度法
近紫外线	$200 \sim 400$ nm	价电子	紫外光度法
可见光	$400 \sim 780$ nm	价电子	比色及可见光度法
近红外线	$0.78 \sim 2.5$ μm	分子振动	近红外光谱法
中红外线	$2.5 \sim 25$ μm	分子振动	中红外光谱法
远红外线	$25 \sim 1\ 000$ μm	分子转动和低位振动	远红外光谱法
微波	$1 \sim 1\ 000$ mm	分子转动	微波光谱法
无线电波	$1 \sim 1\ 000$ m	核自旋	核磁共振光谱法

注:表中波长范围的界限不是绝对的,各波段之间连续过渡。

(2)吸收光谱法的作用机理

由物理学中可知,分子由原子和外层电子组成。各外层电子的能量是不连续的分立数值,即电子是处在不同的能级中。分子中除了电子能级之外,还有组成分子的各个原子间的振动能级和分子自身的转动能级。

当从外界吸收电磁辐射能时,电子、原子、分子受到激发,会从较低能级跃迁到较高能级,跃迁前后的能量之差为:

$$E_2 - E_1 = hv \tag{3.1}$$

式中 E_2,E_1——分别表示较高能级和较低能级(跃迁前后的能级)的能量;

v——辐射光的频率;

h——普朗克常数,4.136×10^{-15} eV·s。

当某一频率 v 电磁辐射的能量 E 恰好等于某两个能级的能量之差 $E_2 - E_1$ 时,便会被某种粒子吸收并产生相应的能级跃迁,该电磁辐射的频率和波长称为某种粒子的特征吸收频率和特征吸收波长。

电子能级跃迁所吸收的辐射能为 1 ~ 20 eV,吸收光谱位于紫外和可见光波段(200 ~ 780 nm);分子内原子间的振动能级跃迁所吸收的辐射能为 0.05 ~ 1.0 eV,吸收光谱位于近红外和中红外波段(780 nm ~ 25 μm);整个分子转动能级跃迁所吸收的辐射能为 0.001 ~ 0.05 eV,吸收光谱位于远红外和微波波段(25 ~ 10 000 μm)。

3.1.2 电磁辐射及其波谱

(1)电磁辐射

电磁辐射是以极快速度通过空间传播的光量子流,是一种能量的形式。电磁辐射具有波动性与微粒性,其波动性表现为辐射的传播以及反射、折射、散射、衍射、干涉等,可用传播速度、频率、波长等参量来描述;其微粒性表现为,当其与物质相互作用时引起辐射的吸收、发射等,可用能量来描述。电磁辐射的波动性与微粒性用普朗克方程式联系起来。

$$E = hv \tag{3.2}$$

式中 E——辐射的光子能量,J;

v——辐射的频率,s^{-1};

h——普朗克常数,6.626×10^{-34} J·s,或 4.136×10^{-15} eV·s。

若将式(3.2)用波长表示,则为:

$$E = hv = \frac{hc}{\lambda} \tag{3.3}$$

式中 λ——波长,cm;

c——光速,$c = 3 \times 10^{10}$ cm/s。

用式(3.3)可以方便地计算出各种频率或各种波长光子的能量。从式(3.3)可以看出,波长与能量成反比,波长越短,能量越大;频率与能量成正比,频率越高,能量越大。

(2)电磁辐射波谱

若按频率、波长或能量的大小顺序,把电磁波排列起来,便成为一个电磁波谱,见表3.2。从表中可以看出,不同波段的电磁波,产生的方法和引起的作用各不相同,因而出现了各种波谱分析方法。

表3.2 电磁辐射波谱和各种波谱分析法一览表

波长	纳米（nm）	10^{-3}	10^{-2}	10^{-1}	1	10	10^2	10^3	10^4	10^5	10^6	10^7	10^8	10^9
	微米（μm）	10^{-6}	10^{-5}	10^{-4}	10^{-3}	10^{-2}	10^{-1}	1	10	10^2	10^3	10^4	10^5	10^6
	埃（Å）①	10^{-2}	10^{-1}	1	10	10^2	10^3	10^4	10^5	10^6	10^7	10^8	10^9	10^{10}

波段	γ射段	X射段	紫外光		可见光	红外光	微波	射频
谱型	γ射线（光）谱 莫斯鲍尔（波）谱	X射线（光）谱	真空紫外 紫外吸收光谱	近紫外	比色，可见吸收光谱	红外吸收光谱	顺磁共振；微波波谱	核磁共振波谱
跃迁类型	核反应	内层电子跃迁	外层电子跃迁			分子振动	分子转动；电子自旋；核自旋	
辐射源	原子反应堆，粒子加速器	X射线管	氢（或氘）灯或氙灯	钨灯		碳化硅热棒；涅恩斯特辉光管	速调管	电子振荡器
单色器	脉冲-高度鉴别器	晶体光栅	石英棱镜；光栅	玻璃棱镜；光栅滤光片		盐棱；LiF；NaCl；KBr；$CaBr_2$	单色光源	
检测器	盖革-弥勒管，闪烁计数器，半导体探测器		光电管，光电倍增管	光电池；光电管肉眼		温差热电堆；测热辐射计；气动检测器	晶体二极管	二极管；三极管；晶体三极管

频率/Hz	10^{20}	10^{19}	10^{18}	10^{17}	10^{16}	10^{15}	10^{14}	10^{13}	10^{12}	10^{11}	10^{10}	10^9
波数/cm^{-1}	10^{10}	10^9	10^8	10^7	10^6	10^5	10^4	10^3	10^2	10	1	0.1
能量/eV	10^6	10^5	10^4	10^3	10^2	10		10^{-1}	10^{-2}	10^{-3}	10^{-4}	10^{-5}

①Å=0.1 nm。

表3.2 中有关参量的定义及单位说明如下。

①波长：符号 λ，在周期波传播方向上，相邻两波同相位点间的距离。

②波数：符号 $\bar{v}$（或 σ），每厘米中所含波的数目，它等于波长的倒数，单位：cm^{-1}（每厘米）。波数这一参量多用在红外辐射的研究及应用中。

波数与频率之间的关系是：波数 $\bar{v}$ 等于频率 v 除以光速 c：

$$\bar{v} = \frac{v}{c} \tag{3.4}$$

③频率：符号 v（或 f），单位时间内电磁辐射振动周数，单位：Hz（赫兹，s^{-1}）。

$$v = N/t \tag{3.5}$$

式中 N——电磁辐射振动周数；

t——时间。

④辐射能：符号 E，以辐射的形式发射、传播或接收的能量，单位：J（焦耳）。

在电磁辐射及其实际应用中，往往用电子伏特（eV）作为光子的能量单位。

3.2 红外线气体分析器的测量原理、类型和特点

3.2.1 红外线分析器测量原理

红外线是电磁波谱中的一段,介于可见光区和微波区之间,因为它在可见光谱红光界限之外,所以得名红外线。在整个电磁波谱中红外波段的热功率最大,红外辐射主要是热辐射。在红外线气体分析器中,使用的波长范围通常为 $1 \sim 16~\mu m$。

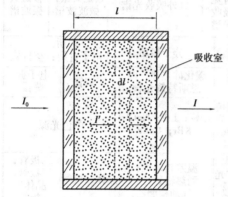

图 3.1 待测介质对光能的吸收

红外线通过待测介质层时具有吸收光能的待测介质就吸收一部分能量,使通过后的能量较通过前的能量减少。下面分析待测介质(即待分析组分)对红外光线能量的吸收规律。入射光为平行光,光的强度 I_0,出射光的强度为 I,吸收室内待测介质的厚度为 l,如图 3.1 所示。

取吸收室内一薄层介质对光能的吸收,设薄层的厚度为 dl,其中能吸收光能的物质摩尔百分浓度为 c,进入该薄层的光强度为 I',实践证明,对光能的吸收量与入射光的强度 I'、薄层中的能吸收光能物质的分子数 dN 成正比,即 dl 层中的吸光能量为:

$$dI' = -I'kdN \tag{3.6}$$

式中　k——比例常数,即待测介质对光能的吸收系数。

"$-$"号表示光能量是衰减的。显然:

$$dN = cdl \tag{3.7}$$

$$\frac{dI'}{I'} = -kcdl \tag{3.8}$$

对式(3.8)进行积分,并取积分限为 $I_0 \rightarrow I'$,$0 \rightarrow l$,则得:

$$\int_{I_0}^{I'} \frac{dI'}{I} = -kc\int_0^l dl \tag{3.9}$$

$$\ln I' - \ln I_0 = -kcl \tag{3.10}$$

即:

$$I' = I_0 e^{-kcl} \tag{3.11}$$

式(3.11)就是朗伯—比尔定律。公式表明待分析物质是按照指数规律对射入它的光辐射能量进行吸收的。经吸收后剩下来的光能可用式(3.12)来求得:

$$I = I_0 - I' = I_0 - I_0 e^{-kcl} = I_0(1 - e^{-kcl}) \tag{3.12}$$

应该指出的是,吸收系数 k 对单色光(特征吸收波长)来说是常数,而且随波长不同而不同,但实际上由光源得到的光大多数不是单色光。所以严格地说 k 应写作 $k(\lambda)$,即对应不同波长的吸收系数。

公式(3.12)也称为指数吸收定律。e^{-kcl} 可根据指数的级数展开为:

$$e^{-kcl} = 1 + (-kcl) + \frac{(-kcl)^2}{2!} + \frac{(-kcl)^3}{3!} + \cdots \frac{(-kcl)^n}{n!} \qquad (3.13)$$

当待测组分浓度很低时, $kcl \ll 1$, 略去 $\frac{(-kcl)^2}{2!}$ 以后各项, 式(3.13)可以简化为:

$$e^{-kcl} = 1 + (-kcl) \qquad (3.14)$$

此时, 式(3.14)所表示的指数吸收定律就可以用线性吸收定律来代替。

$$I = I_0(1 - kcl) \qquad (3.15)$$

式(3.15)表明, 当 cl 很小时, 辐射能量的衰减与待测组分的浓度 c 成线性关系。

3.2.2 特征吸收波长

在近红外和中红外波段, 红外辐射能量较小, 不能引起分子中电子能级的跃迁, 而只能被样品分子吸收, 引起分子振动能级的跃迁, 所以红外吸收光谱也称为分子振动光谱。当某一波长红外辐射的能量恰好等于某种分子振动能级的能量之差时, 才会被该种分子吸收, 并产生相应的振动能级跃迁, 这一波长便称为该种分子的特征吸收波长。

所谓特征吸收波长是指吸收峰顶处的波长(中心吸收波长), 在特征吸收波长附近, 有一段吸收较强的波长范围, 这是由于分子振动能级跃迁时, 必然伴随有分子转动能级的跃迁, 即振动光谱必然伴随有转动光谱, 而且相互重叠, 因此, 红外吸收曲线不是简单的锐线, 而是一段连续的较窄的吸收带。这段波长范围可称为"特征吸收波带(吸收峰)", 几种气体分子的红外特征吸收波带范围见表3.3。

表 3.3 几种气体分子的特征吸收波带范围

气体名称	分子式	红外线特征吸收波带(吸收峰)范围/μm			吸收率/%		
一氧化碳	CO	4.5 ~ 4.7			88		
二氧化碳	CO_2	2.75 ~ 2.8	4.26 ~ 4.3	14.25 ~ 14.5	90	97	88
甲烷	CH_4	3.25 ~ 3.4	7.4 ~ 7.9		75	80	
二氧化硫	SO_2	4.0 ~ 4.17	7.25 ~ 7.5		92	98	
氨	NH_3	7.4 ~ 7.7	13.0 ~ 14.5		96	100	
乙炔	C_2H_2	3.0 ~ 3.1	7.35 ~ 7.7	13.0 ~ 14.0	98	98	99

注:表中仅列举了红外线气体分析器中常用到的吸收较强的波带范围。

3.2.3 红外线气体分析器的类型

目前使用的红外线气体分析器类型很多, 分类方法也较多。

(1)采用分光技术进行分类

根据是否采用分光技术来划分, 可分为分光型(色散型)和非分光型(非色散型)两种。

①分光型(DIR):分光型是根据待测组分的特征吸收光谱, 采用一套分光系统(可连续改变波长), 使通过介质层的辐射光谱与待测组分的特征吸收光谱相吻合, 以对待测组分进行定性、定量的测定。这类分析器的优点是选择性好, 灵敏度也比较高。缺点是分光系统分光后光束的能量很小, 同时分光的光学系统任一元件位置的微小变化, 都会严重影响分光的波长。所

以一直用于工作条件很好的实验室。因此把分光型也称为实验室型。

②非分光型（NDIR）：光源发出的连续光谱全部都投射到被测样品上，待测组分吸收其特征吸收波带的红外光，由于待测组分往往不止一个吸收带，例如，CO_2 在波长为 2.6 ~ 2.9 μm 及 4.1 ~ 4.5 μm 处具有吸收峰，因而就 NDIR 的检测方式来说具有积分性质。因此非分光型仪器的灵敏度比分光型高得多，并且具有较高的信噪比和良好的稳定性。其主要缺点是待测样品各组分间有交叉重叠的吸收峰时，会给测量带来干扰，或者说其选择性较差。但可在结构上增加干扰滤波气室等办法去掉这种干扰的影响。

（2）采用光学系统进行分类

根据是否采用光学系统来划分，可以分为双光路（双气室）和单光路（单气室）两种。

①双光路（双气室）：从精确分配的一个光源，发出两路彼此平行的红外光束，分别通过几何光路相同的测量气室、参比气室后进入检测器。

②单光路（单气室）：从光源发出的单束红外光，只通过一个几何光路（分析气室），但是对于检测器而言，接收到的是两束不同波长的红外光束，只是它们到达检测器的时间不同而已。这是利用滤波轮的旋转（在滤波轮上装有干涉滤光片或滤波气室），将光源发出的光调制成不同波长的红外光束，轮流送往检测器，实现时间上的双光路。为了便于区分这种时间上的双光路，通常将测量波长光路称为测量通道，参比波长光路称为参比通道。

（3）使用的检测器类型进行分类

红外线气体分析器中使用的检测器，目前主要有薄膜电容检测器、微流量检测器、光电导检测器、热释电检测器 4 种。根据结构和工作原理上的差别，可以将其分成两类，前两种属于气动检测器，后两种属于固体检测器。

①气动检测器：靠气动压力差工作，薄膜电容检测器中的薄膜振动靠这种压力差驱动，微流量检测器中的流量波动也是由这种压力差引起的。这种压力差来源于红外辐射的能量差，而这种能量差是由测量光路和参比光路形成的，所以气动检测器一般和双光路系统配合使用。非分光红外（NDIR）源自气动检测器，气动检测器内密封的气体和待测气体相同（通常是待测气体和氩气的混和气），所以光源光谱的连续辐射到达检测器后，它只对待测气体特征吸收波长的光谱有灵敏度，不需要分光就能得到很好的选择性。

②固体检测器：光电导检测器和热释电检测器的检测元件均为固体器件，根据这一特征将其称为固体检测器。固体检测器直接对红外辐射能量有响应，对红外辐射光谱无选择性，它对待测气体特征吸收光谱的选择性是借助于窄带干涉滤光片实现的。与其配用的光学系统一般为单光路结构，靠相关滤波轮的调制形成时间上的双光路。这种红外分析器属于固定分光型仪器。

由上所述可以看出，这两类检测器的工作原理不同，配用的光路系统结构不同，从是否需要分光的角度来看，两者也是不同的。因此，可以将红外线气体分析器划分为两类：采用气动检测器的不分光型双光路红外分析器和采用固体检测器的固定分光型单光路红外分析器。

这两类仪器相比，前者的灵敏度和检出限明显优于后者，而后者的结构简单、调整容易、体积小、价格低又胜过前者。前者是红外线气体分析器的传统产品，也是目前的主流产品。

3.2.4　红外线气体分析器的特点

红外线气体分析器的主要特点为：

①能测量多种气体：除了单原子的惰性气体（He、Ne、Ar 等）和具有对称结构无极性的双原子分子气体（N_2、H_2、O_2、Cl_2 等）外，CO、CO_2、NO、SO_2、NH_3 等无机物、CH_4、C_2H_4 等烷烃、烯烃和其他烃类及有机物都可用红外分析器进行测量。

②测量范围宽：可分析气体的上限达 100%，下限达几个 ppm 的浓度。当采取一定措施后，还可进行痕量（ppb 级）分析。

③灵敏度高：具有很高的检测灵敏度，能分辨出气体浓度的微小变化。

④测量精度高：一般都在 ±2% FS，不少产品达到或优于 ±1% FS。与其他分析手段相比，它的精度较高且稳定性好。

⑤反应快：响应时间 T_{90} 一般在 10 s 以内。

⑥有良好的选择性：红外分析器有很高的选择性系数，因此它特别适合于对多组分混合气体中某一待分析组分的测量，而且当混合气体中一种或几种组分的浓度发生变化时，并不影响对待分析组分的测量。因此，用红外分析器分析气体时，只要求背景气体（除待分析组分外的其他组分都称为背景气体）干燥、清洁和无腐蚀性，而对背景气体的组成及各组分的变化要求不严，特别是采取滤光技术以后效果更好。这一点与其他分析仪器比较是一个突出的优点。

3.3　光学系统的构成部件

红外线气体分析器由光学系统和测量电路构成。光学系统一般由红外辐射光源、测量气室、红外检测器构成，通常称之为红外三大部件。

①红外辐射光源：包括红外光源和切光（频率调制）装置。

②测量气室：包括测量气室、参比气室、滤波气室和干涉滤光片。

③红外检测器：主要有薄膜电容检测器、微流量检测器、光电导检测器、热释电检测器等。

3.3.1　红外辐射光源

（1）红外光源

按照发光体的种类分，红外光源有镍铬丝光源、陶瓷光源、半导体光源等；按照光能输出形式分，有连续光源和断续光源（脉冲光源）两类。

目前，红外分析器大多采用镍铬丝光源，它将镍铬丝在胎具上绕制成螺旋形或锥形制成，如图 3.2 所示。螺旋形绕法的优点是比较近似点光源，但正面发射能量小，锥形绕法正面发射能量大，但绕制工艺比较复杂，目前使用的以螺旋形绕法居多。镍铬丝加热到 700 ℃ 左右，其辐射光谱的波长主要集中在 2～12 μm，能满足绝大部分红外分析器的要求。合金丝光源的最大优点是光谱波长非常稳定，几乎不受任何

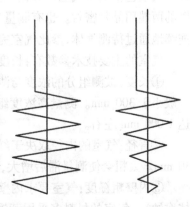

图 3.2　镍铬丝光源灯丝绕制形状

工作环境温度影响,寿命长,能长时期高稳定性工作。缺点是长期工作会产生微量气体挥发。

(2)切光装置

切光装置包括切光片和同步电机,切光片由同步电机(切光马达)带动,其作用是把光源发出的红外光变成断续的光,即对红外光进行频率调制。调制的目的是使检测器产生的信号成为交流信号,便于放大器放大,同时可以改善检测器的响应时间特性。切光片的几何形状有多种,图3.3中是常见的三种,其中半圆形切光片与单通式电容检测器配用,十字形切光片与双通式电容检测器配用,几何单光路用切光片则与固体检测器配用。

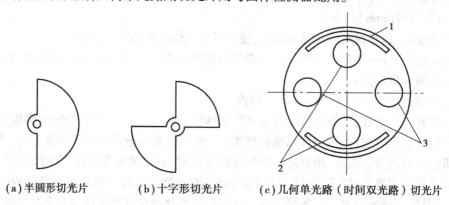

(a)半圆形切光片　　　(b)十字形切光片　　　(c)几何单光路(时间双光路)切光片

图3.3　切光片的几何形状

1—同步孔;2—参比滤光片;3—测量滤光片

切光频率(调制频率)的选择与红外辐射能量、红外吸收能量及产生的信噪比有关。从灵敏度角度看,调制频率增高,灵敏度降低,超过一定程度后,灵敏度下降很快。因为频率增高时,在一个周期内测量气室接收到的辐射能减少,信号降低,另外气体的热量及压力传递跟不上辐射能的变化。因此从灵敏度角度看,频率低一些是有利的。但频率太低时,放大器制作较难,并且增加仪器的滞后,检波后滤波也较困难。理论与实践指出,切光频率一般应取在 5 ~ 15 Hz,属于超低频范围。

3.3.2　气室

气室包括测量气室和参比气室。测量气室和参比气室的结构基本相同,外形都是圆筒形,筒的两端用晶片密封。也有测量气室和参比气室各占一半的"单筒隔半"型结构。测量气室连续地通过待测气体,参比气室完全密封并充有中性气体(多为 N_2)。

气室的主要技术参数有:长度、直径和内壁粗糙度。

①长度:被测组分的浓度与测量气室的长度有关,也与要求达到的线性度和灵敏度有关。一般小于 300 mm。测量高浓度组分时气室最短仅零点几个 mm,测量微量组分时气室最长可达 1 000 mm 左右。

②直径:气室的内径取决于红外辐射能量、气体流速、检测器灵敏度要求等。一般取 20 ~ 30 mm。太粗会使测量滞后增大,太细则削弱了光强,降低了仪表的灵敏度。

③内壁粗糙度:气室要求内壁粗糙度小,不吸收红外线,不吸附气体,化学性能稳定(包括抗腐蚀)。气室的材料多采用黄铜镀金、玻璃镀金或铝合金(有的在内壁镀一层金)。金的化学性质极为稳定,气室内壁不会被氧化,所以能保持很高的反射系数。

常规气室外还有一种特殊的多重反射气室。通过光学反射体将红外辐射光在气室内进行10~40次反射。增加气室内光程距离,将常规气室300~1 000 mm的光程增加至10~30 m。通过有效提高光程,提高微量浓度检测的信号强度。

3.3.3 滤光元件

光源发出的红外光通常是所谓广谱辐射,比被测组分的吸收波段要宽得多。此外,被测组分的吸收波段与样气中某些组分的吸收波段往往会发生交叉甚至重叠,从而对测量带来干扰。因此必须对红外光进行过滤处理,这种过滤处理称为滤光或滤波。

红外线气体分析器中常用的滤光元件有两种,一种是早期采用且现在仍在使用的滤波气室,一种是现在普遍采用的干涉滤光片。

(1)滤波气室

滤波气室的结构和窗口材料与气室基本相同,只是其中充干扰组分。例如,CO_2的特征吸收波长为2.7~4.6 μm,CO的特征吸收波长为2.37~4.65 μm,而CH_4的特征吸收波长为3.3~7.65 μm,如果测CO_2浓度,因为它的特征吸收波长与CO和CH_4的特征吸收波长范围有重叠部分,所以CO和CH_4是CO_2的干扰气体。同样道理,这三种气体中任一种气体是被测气体时,另两种气体就是干扰气体。因此,当要测这三种气体时,其滤波气室充气数据见表3.4。

表3.4 滤波气室充气数据

分析器种类	滤波气室充气成分	充气浓度/%
CO_2分析仪	$CO + CH_4$	50 + 50
CO分析仪	$CO_2 + CH_4$	50 + 50
CH_4分析仪	$CO + CO_2$	50 + 50

如果干扰组分是一种成分,则滤波气室充以100%的干扰组分。滤波气室装在测量侧,而参比侧则在参比室充以与滤波气室相同的组分。

滤波气室的结构和参比气室一样,只是长度较短。滤波气室内部充有干扰组分气体,吸收其相对应的红外能量以抵消(或减少)被测气体中干扰组分的影响。例如CO分析器的滤波气室内填充适当浓度的CO_2和CH_4,将光源中对应这两种气体的红外波长吸收掉,使之不再含有这些波长的辐射,则会消除测量气室中CO_2和CH_4的干扰影响。

滤波气室的特点是:除干扰组分特征吸收峰中心波长能全吸收外,吸收峰附近的波长也能吸收一部分,其他波长全部通过,几乎不吸收。或者说它的通带较宽,因此检测器接收到的光能较大,灵敏度高。其缺点是体积比干涉滤光片大,一般长50 mm,发生泄漏时会失去滤波功能。在深度干扰时,即干扰组分浓度高或与待测组分吸收波段交叉较多时,可采用滤波气室。如果两者吸收波段相互交叉较少时,其滤波效果就不理想。当干扰组分多时也不宜采用滤波气室。

(2)干涉滤光片

滤光片是一种形式最简单的波长选择器,它是基于各种不同的光学现象(吸收、干涉、选择性反射、偏振等)而工作的。采用滤光片可以改变测量气室的辐射通量和光谱成分,消除或减少散射辐射和干扰组分吸收辐射的影响,仅使具有特征吸收波长的红外辐射通过。滤光片有多种类型,按照滤光原理可分为吸收滤光片、干涉滤光片等;按照滤光特点可分为截止滤光片、带通滤光片等。目前红外线气体分析器中使用的多为窄带干涉滤光片。

干涉滤光片是一种带通滤光片,根据光线通过薄膜时发生干涉现象而制成。最常见的干涉滤光片是法布里—珀罗型滤光片,其制作方法是以石英或白宝石为基底,在基底上交替地用真空蒸镀的方法,镀上具有高、低折射系数的膜层。一般用锗(高折射系数)和一氧化硅(低折射系数)作镀层,也可用碲化铅和硫化锌作镀层,或用碲和岩盐作镀层。

干涉滤光片可以得到较窄的通带,其透过波长可以通过镀层材料的折射率、厚度及层次等加以调整,现代干涉滤光片已发展到采用几十层镀膜,通带宽度最窄已达到 0.1 nm 左右。

干涉滤光片的特点是:通带很窄,其通带 $\Delta\lambda$ 与特征吸收波长 λ_0 之比 $\Delta\lambda/\lambda_0 \leq 0.07$,所以滤波效果很好。它可以只让被测组分特征吸收波带的光能通过,通带以外的光能几乎全滤除掉。其厚度和体积小,不存在泄漏问题,只要涂层不被破坏,工作就是可靠的。一般在干扰组分多时采用干涉滤光片。其缺点是由于通带窄,透过率不高,所以到达检测器的光能比采用滤波气室时小,灵敏度较低。

综上所述,干涉滤光片是一种"正滤波"元件,只允许特定波长的红外光通过,而不允许其他波长的光通过,其通道很窄,常用于分光式仪器中的分光,个别场合也用于非分光式仪器中的躲避干扰。滤波气室是一种"负滤波"元件,它只阻挡特定波长的红外光,而不阻挡其他波长的光,其通道较宽,常用于非分光式仪器中的滤光,当用于分光式仪器中的分光时,必须和干涉滤光片配合使用。

根据上述内容,从应用意义上看,窄带干涉滤光片是一种待测组分选择器,而滤波气室是一种干扰组分过滤器。

3.3.4　薄膜电容检测器

薄膜电容检测器又称薄膜微音器,由金属薄膜片动极和定极组成电容器,当接收气室内的气体压力受红外辐射能的影响而变化时,推动电容动片相对于定片移动,把被测组分浓度变化转变成电容量变化。

双通式薄膜电容检测器的结构如图 3.4 所示。薄膜材料以前多为铝镁合金,厚度为 5 ~ 8 μm,近年来则多采用钛膜,其厚度仅为 3 μm。定片与薄膜间的距离为 0.1 ~ 0.03 mm,电容量为 40 ~ 100 pF,两者之间的绝缘电阻 $> 10^5$ MΩ。

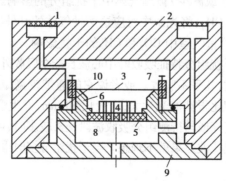

图 3.4　双通式薄膜电容检测器结构简图

1—晶片和接收气室;2—壳体;3—薄膜;4—定片;5—绝缘体;

6—支持体;7、8—薄膜两侧的空间;9—后盖;10—密封垫圈

薄膜电容器通常采用平行板结构,其电容量 C 由式(3.16)给出:

$$C = \frac{1}{U} \cdot \frac{\varepsilon_0 \varepsilon_r S}{d} \tag{3.16}$$

式中 U——极板间电压;

      ε_0——真空介电常数;

      ε_r——极板间物质的相对介电常数;

      S——单块极板的面积;

      d——极板间距离。

薄膜电容检测器是红外线气体分析器长期使用的传统检测器,目前使用仍然较多。它的特点是温度变化影响小、选择性好、灵敏度高,但必须密封并按交流调制方式工作。其缺点是薄膜易受机械振动的影响,接收气室即使有微漏也会导致检测器失效,调制频率不能提高,放大器制作比较困难,体积较大等。

3.3.5 微流量检测器

微流量检测器是一种利用敏感元件的热敏特性测量微小气体流量变化的新型检测器。其传感元件是两个微型热丝电阻,和另外两个辅助电阻组成惠斯通电桥。热丝电阻通电加热至一定温度,当有气体流过时,带走部分热量使热丝元件冷却,电阻变化,通过电桥转变成电压信号。

微流量传感器中的热丝元件有两种,一种是栅状镍丝电阻,简称镍格栅,它是把很细的镍丝编织成栅栏状制成的。这种镍格栅垂直装配于气流通道中,微气流从格栅中间穿过。另一种是铂丝电阻,在云母片上用超微技术光刻上很细的铂丝制成。这种铂丝电阻平行装配于气流通道中,微气流从其表面掠过。这种微流量检测器实际上是一种微型热式质量流量计,它的体积很小(光刻铂丝电阻的云母片只有约 3 mm × 3 mm,毛细管气流通道内径仅为 0.2 ~ 0.5 mm),灵敏度极高,精度优于 ±1%,价格也较便宜。采用微流量检测器替代薄膜电容检测器,可使红外分析器光学系统的体积大为缩小,可靠性、耐振性等性能提高,因而在红外、氧分析仪等仪器中得到了较广应用。

图 3.5 是微流量检测器工作原理示意图。测量管(毛细管气流通道)3 内装有两个栅状镍丝电阻(镍格栅)2,和另外两个辅助电阻组成惠斯通电桥。镍丝电阻由恒流电源 5 供电加热至一定温度。

当流量为零时,测量管内的温度分布如图 3.6 下部虚线所示,相对于测量管中心的上下游是对称的,电桥处于平衡状态。当有气体流过时,气流将上游的部分热量带给下游,导致温度分布变化如实线所示,由电桥测出两个镍丝电阻阻值的变化,求得其温度差 ΔT,便可按式(3.17)计算出质量流量 q_m:

$$q_m = K \frac{A}{c_p \Delta T} \tag{3.17}$$

式中 c_p——被测气体的定压比热容;

      A——镍丝电阻与气流之间的热传导系数;

      K——仪表常数。

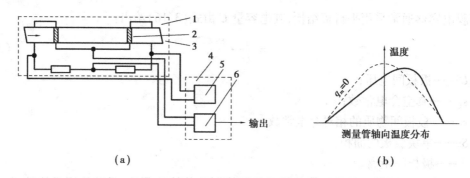

（a）　　　　　　　　　　　　　　　　（b）

图 3.5　微流量检测器工作原理
1—微流量传感器；2—栅状镍丝电阻（镍格栅）；
3—测量管（毛细管气流通道）；4—转换器；5—恒流电源；6—放大器

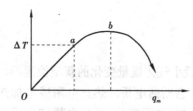

图 3.6　质量流量与镍丝电阻温度差的关系

然后利用质量流量与气体含量的关系计算出被测气体的实际浓度。

当使用某一特定范围的气体时，A、c_p 均可视为常量，则质量流量 q_m 仅与镍丝电阻之间的温度差 ΔT 成正比，如图 3.6 中 Oa 段所示。Oa 段为仪表正常测量范围，测量管出口处气流不带走热量，或者说带走的热量极微；超过 a 点流量增大到有部分热量被带走而呈现非线性，流量超过 b 点则大量热量被带走。

当气流反方向流过测量管时，图 3.6 中温度分布变化实线向左偏移，两个镍丝电阻的温度差为 $-\Delta T$，质量流量计算式为：

$$q_m = -K\frac{A}{c_p\Delta T} \tag{3.18}$$

式（3.18）中的负号表示流体流动方向相反。

3.3.6　光电导检测器

光电导检测器是利用半导体光电效应的原理制成的，当红外光照射到半导体元件上时，它吸收光子能量后使非导电性的价电子跃迁至高能量的导电带，从而降低了半导体的电阻，引起电导率的改变，所以又称其为半导体检测器或光敏电阻。

光电导检测器使用的材料主要有锑化铟（InSb）、硒化铅（PbSe）、硫化铅（PbS）、碲镉汞（HgCdTe）等。

红外线气体分析器大多采用锑化铟检测器，也有采用硒化铅、硫化铅检测器的。锑化铟检测器在红外波长 3～7 μm 具有高响应率（响应率即检测器的电输出和灵敏面入射能量的比值），在此范围内 CO、CO_2、CH_4、C_2H_2、NO、SO_2、NH_3 等几种气体均有吸收带，其响应时间仅为 5×10^{-6} s。

光电导检测器的结构简单、成本低、体积小、寿命长、响应迅速。与气动检测器（薄膜电容、微流量检测器）相比，它可采用更高的调制频率（切光频率可高达几百赫兹），使信号的放大处理更为容易。它与窄带干涉滤光片配合使用，可以制成通用性强、快速响应的红外分析器。其缺点是半导体元件的特性（特别是灵敏度）受温度变化影响大，一般需要在较低的温度（77～200 K 不等，与波长有关）下工作，因此需要采取致冷措施。

3.3.7　热释电检测器

热释电检测器是基于红外辐射产生的热电效应为原理的一类检测器,它以热电晶体的热释电效应(晶体极化引起表面电荷转移)为机理。热释电检测器具有波长响应范围广(无选择性检测或选择性差)、检测精度较高、反应快的特点,可在室温或接近室温的条件下工作。下面简单介绍其工作原理和结构组成。

如图3.7所示,在某一晶体两个端面上施加直流电场,晶体内部的正电荷向阴极表面移动,负电荷向阳极表面移动,结果晶体的一个表面带正电,另一表面带负电,这就是极化现象。对大多数晶体来说,当外加电场去掉后,极化状态就会消失,但有一类称为"铁电体"的晶体例外,外加电场去掉后,仍能保持原来的极化状态。铁电体还有一个特性,它的极化强度即单位表面积上的电荷量,是温度的函数,温度愈高极化强度愈低,温度愈低则极化强度愈高,而且当温度升高到一定值之后,极化状态会突然消失(使极化状态突然消失的这一温度称为居里温度)。也就是说,已极化的铁电体,随着温度升高,表面积聚电荷降低(极化强度降低),相当于释放出一部分电荷来,温度越高,释放出的电荷越多,当温度高到居里温度时,电荷全部释放出来。人们把极化强度随温度转移这一现象称为热释电,根据这一现象制成的检测器称为热释电检测器。

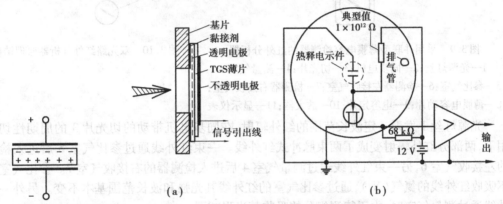

图3.7　晶体的极化现象　　　　　　图3.8　热释电检测器的结构和电路图

热释电检测器的结构和电路如图3.8所示,将TGS单晶薄片正面真空镀铬(半透明,用于接收红外辐射),背面镀金形成两电极,其前置放大器是一个阻抗变换器,由一个 $10^{11} \sim 10^{12}$ Ω 的负载电阻和一个低噪声场效应管源极输出器组成。为了减小机械振荡和热传导损失,把检测器封装成管,管内抽真空或充氙等导热性能很差的气体。

3.4　采用气动检测器的不分光型红外分析器

3.4.1　基本结构和工作原理

采用气动检测器(薄膜电容检测器和微流量检测器)的红外线气体分析器,其光学系统一般为双光路结构,测量方式属于不分光型。下面以传统的薄膜电容式仪器为例,介绍其基本结构和工作原理。

(1)采用并联型薄膜电容检测器的红外分析器

图3.9是传统双光路红外分析仪的原理示意图,该仪器采用薄膜电容检测器,其接收气室

属于并联型结构,有左、右两个气室。

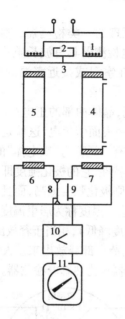

图 3.9　采用并联型薄膜电容检测器的红外分析器
1—光源灯丝;2—同步电机;3—切光片;4—测量气室;
5—参比气室;6—检测器左接收气室;7—检测器右接收气室;
8—薄膜电容动片;9—电容定片;10—放大器;11—显示仪表

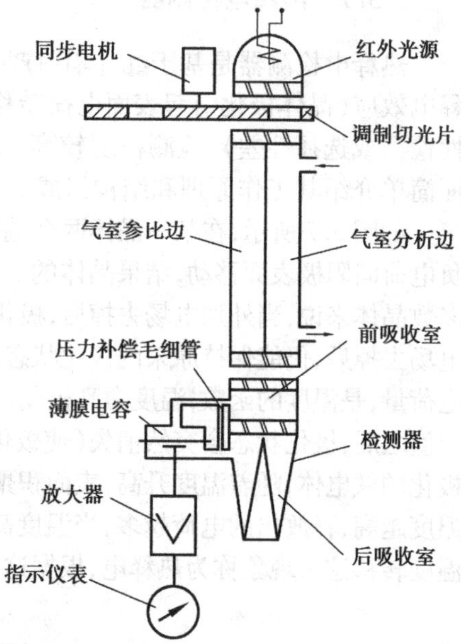

图 3.10　双光路红外分析器原理结构图

光源灯丝 1 发射一定波长范围的红外辐射,在同步电机带动的切光片 3 的周期性切割作用下,两部分红外辐射变成了两束脉冲式红外线。一束红外线通过参比气室 5 后进入检测器的左接收气室 6,另一束红外线通过测量气室 4 后进入检测器的右接收气室 7。参比气室充有不吸收红外线的氮气(N_2),通过参比气室的红外线其光强和波长范围基本不变。另外一路红外线通过测量气室时,由于待测组分的吸收其光强减弱。

检测器由电容薄膜动片隔成左、右两个接收气室,接收气室里封有不吸收红外线的气体(N_2或 Ar)和待测组分气体的混合物,所以进入检测器的红外线就被选择性地吸收,即对应待测组分特征吸收波长的红外线被完全吸收。由于通过参比气室的红外线未被待测组分吸收过,因此进入检测器左接收气室后能被待测组分吸收的红外线能量就大,而进入检测器右接收气室的红外线由于有一部分在测量气室中已被吸收,所以其能量较小。检测器内待测组分吸收红外线能量后,气体分子产生热膨胀,压力变大。由于进入检测器左右气室的红外线能量不等,因此两侧温度变化不同,压力变化也不同,左气室内压力大于右气室,此压力差推动薄膜 8 产生位移,从而改变了薄膜动片 8 与定片 9 之间的距离及其电容。

将此电容量的变化转变成电压信号输出,经放大后得到毫伏信号,此毫伏信号代表待测组分的含量大小。显然待测组分含量越高,两束红外光线的能量差越大,故薄膜电容器的电容变化量也越大,输出信号也越大。

(2)采用串联型薄膜电容检测器的红外分析器

图 3.10 是一种双光路红外分析器的原理结构图。该仪器采用单光源和薄膜电容检测器,测量气室和参比气室采用"单筒隔半"型结构,接收气室属于串联型,有前、后两室,两者之间用晶片隔开。

在检测器的内腔中位于两个接收室的一侧装有薄膜电容检测器,通过参比气室和测量气室的两路光束交替地射入检测器的前、后吸收室。在较短的前室充有被测气体,这里辐射的吸收主要是发生在红外光谱带的中心处,在较长的后室也充有被测气体,由于后室采用光锥结构,它吸收谱带两侧的边缘辐射。

当测量气室通入不含待测组分的混合气体(零点气)时,它不吸收待测组分的特征波长,红外辐射被前、后接收气室内的待测组分吸收后,室内气体被加热,压力上升,检测器内电容器薄膜两边压力相等,接收气室的几何尺寸和充入气体的浓度都是按上述原则设计的。当测量气室通入含有待测组分的混合气体时,因为待测组分在测量气室已预先吸收了一部分红外辐射,使射入检测器的辐射强度变小。此辐射强度的变化主要发生在谱带的中心处,主要影响前室的吸收能量,使前室的吸收能量减小。被待测组分吸收后的红外辐射把前、后室的气体加热,使其压力上升,但能量平衡已被破坏,所以前、后室的压力就不相等,产生了压力差,此压力差使电容器膜片位置发生变化,从而改变了电容器的电容量,因为辐射光源已被调制,红外辐射交替穿过测量气室和参比气室到达检测器,导致电容量交替变化,电容的变化量通过电气部件转换为交流的电信号,经放大处理后得到待测组分的浓度。

这种串联型接收气室和并联型接收气室相比有两大优点:

①零点稳定:由于这种串联型接收气室在零点工作时膜片上受到的压力没有变化,因此其状态十分稳定,不易受外界干扰的影响。而并联型接收气室(图3.9)在零点工作时,或者因左、右气室内部工作压力的此起彼伏变化,或者因气体吸收状态的变化(例如光强变化等),都会造成零点不稳。

②抗干扰组分影响的能力强:这是由它的结构特点,即两个接收气室串联连接决定的。图3.11示出了串联型接收气室中前、后室对测量组分和干扰组分的吸收特性曲线,图3.11(a)是不存在干扰组分时的情况,图3.11(b)是存在干扰组分时的情况。此处干扰组分对测量的影响,是指干扰组分在前、后室产生的信号合成后差值的大小。由于干扰组分在后室产生的是负信号,对干扰组分在前室产生的正信号具有补偿作用。但这种有价值的补偿在并联型接收气室中是不存在的,因为干扰组分在左、右气室中产生的都是正信号,相互间是叠加关系,并无补偿作用。

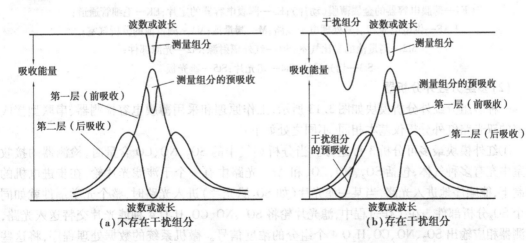

图3.11　串联型接收气室抗干扰组分影响吸收特性曲线

因为串联型接收气室有此突出优点,所以在一般情况下,这种光学系统不设滤波气室、不加干涉滤光片,也能获得较为满意的选择性。目前生产的红外线气体分析器中普遍采用这种串联型结构的接收气室。

3.4.2 采用薄膜电容检测器的红外分析器

(1)不分光型红外分析器

图 3.12 是一种红外分析器的结构原理图,它属于不分光型双光路红外分析器,采用串联式薄膜电容检测器,仪器的信息处理和恒温控制等由微机系统完成。

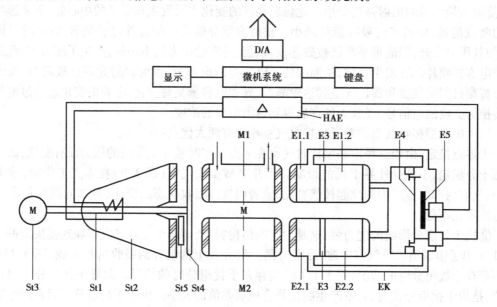

图 3.12　不分光型双光路红外分析器结构原理图

E—检测器;E1.1—检测器测量接收气室的前室;E1.2—检测器测量接收气室的后室;

E2.1—检测器参比接收气室的前室;E2.2—检测器参比接收气室的后室;E3—半透半反窗(光学镜片);

E4—薄膜电容器的金属薄膜(动片);E5—薄膜电容器的定片;EK—毛细管通道;

HAE—供电电源和信号处理电子线路;M—测量池;M1—测量池的分析气室;

M2—测量池的参比气室;St1—红外辐射源;St2—光源部件;

St3—切光马达;St4—切光片;St5—遮光板

(2)多组分红外分析器

一种多组分红外分析模块如图 3.13 所示,工作原理和采用薄膜电容检测器、串联型接收气室的双光路红外分析仪基本相同,不同之处如下:

①红外模块最多可分析 3 种组分。当分析烟气中的 SO_2、NO、CO 含量时,检测器的接收气室中充有多种气体,包括 SO_2、NO、CO 和 Ar。光路中有一个干涉滤光片轮,在步进电机的控制下,能顺序地进入光路,当某一滤光片(如 SO_2 滤光片)进入光路时,整个光学部件就如同一个 SO_2 分析部件。在工作过程中,滤光片轮将 SO_2、NO、CO、H_2O 4 种滤光片交替送入光路,检测器相应输出 SO_2、NO、CO、H_2O 4 个组分的浓度信号。微机系统的数据处理程序,将这些信号转换成浓度信号输出,同时对它们之间的相互干扰进行修正。

测量 H_2O 的目的是消除其对其他待测组分的影响,因为 H_2O 的红外吸收频带较宽,对其

他待测组分如 SO_2 会产生交叉干扰,这种交叉干扰不仅发生在吸收谱带的边缘部分,而且往往发生在吸收谱带的中间部分,难于用上述前后气室相互抵消的办法将其除掉,只有通过数据处理程序对其进行修正。

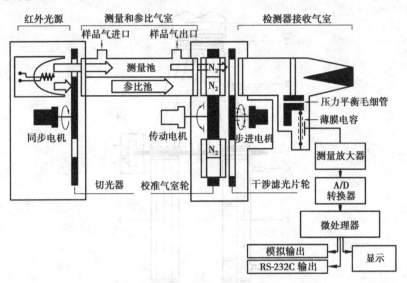

图 3.13　多组分红外分析模块结构原理图

②分析模块光路中插入了一个校准气室轮,校准气室中填充一定浓度的被测气体,产生相当于满量程标准气的气体吸收信号,可以不需要标准气就实现仪器的定时标定。标定时,传动电机将相应的校准气室送入光路,此时仪器的测量池必须通高纯氮气。为了检查校准气室是否漏气,每半年或一年仍然要用标准气进行一次对照测试。

3.4.3　采用微流量检测器的红外分析器

(1)双光路红外分析器

一种采用微流量检测器的双光路红外分析器的光学系统示意图如图 3.14 所示。

红外光源 1 被加热到约 700 ℃,光源发出的光经过光束分离器 3 被分成两路相等的光束(测量光束和参比光束),红外光源可左右移动以平衡光路系统,分光器同时也起到滤波气室的作用。

参比光束通过充满 N_2 的参比气室 8,然后未经衰减地到达右侧参比接收气室 11。测量光束通过流动着样气的测量气室 7,并根据样气浓度的不同而产生或多或少的衰减后到达左侧接收气室 10。

接收气室被设计成双层结构,内部充填有特定浓度的待测气体组分。光谱吸收波段中间位置的光优先被上层气室吸收,边缘波段的光几乎同样程度地被上层气室和下层气室吸收。上层气室和下层气室通过微流量传感器 12 连接在一起。这种耦合意味着吸收光谱的带宽很窄。光耦合器 13 延长了下层接收气室的光程长度。改变光耦合器旋杆 14 的位置可以改变下层检测气室的红外吸收。因此,最大限度减少某个干扰组分的影响是可能的。

切光片 5 在分光器和气室之间旋转,交替地、周期性地切断两束光线。如果在测量气室有红外光被吸收,那么就将有一个脉冲气流被微流量传感器 12 转换成一个电信号。微流量传感器中有两个被加热到大约120℃的镍格栅,这两个镍格栅电阻和两个辅助电阻形成惠斯通电桥。脉冲气流反复流经微流量传感器,导致镍格栅电阻阻值发生变化,使电桥产生输出信号,该输出数值取决于被测组分浓度的大小。

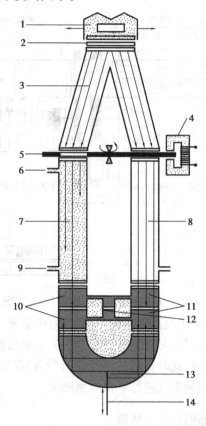

图3.14 双光路红外分析器的光学系统示意图

1—可调红外光源;2—光学过滤器;3—光束分离器(兼滤波气室);4—旋转电流驱动器;5—切光片;
6—样气入口;7—测量气室;8—参比气室;9—样气出口;10—测量接收气室;11—参比接收气室;
12—微流量传感器;13—光耦合器;14—光耦合器旋杆

(2)多组分红外分析器

图3.15为多组分红外分析器内部气路图。被测样气由入口1进入,首先经膜式过滤器5除尘除水。流路中的压力开关9用以监视样气压力,当压力过低时发出报警信号;浮子流量计8显示样气流量,供维护人员观察;限流器2起限流限压作用;凝液罐6分离可能冷凝下来的液滴,以保护分析器免遭损害。

样气经上述处理后,送入分析器进行分析。该仪表中有上下两个红外分析模块,均采用单光路系统,不分光红外吸收原理,微流量检测器的接收气室串联布置。上面一个模块是双组分红外分析模块,可以分析两种组分,其中有两套微流量检测器和两组接收气室11串联连接在一起,分别接收不同辐射波段的红外光束,光谱吸收波段中间位置的光优先被前气室吸收,边缘波段的光几乎同样程度地被后气室吸收,前气室和后气室通过微流量传感器连接在一起,当红外辐射经过测量气室和前后接收气室后,能量被吸收导致前后气室压差增加,从而产生一个流量通过微流量传感器,微流量传感器测得这个流量并产生一个相应电信号。分析器中下面的一个分析模块为单组分红外分析模块,只有一套微流量检测器和接收气室,可以分析一种组分,检测原理同双组分红外分析模块。分析后的样气经凝液罐7,携带冷凝液一起排出分析仪。

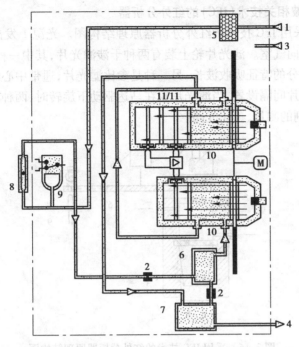

图 3.15　多组分红外分析器内部气路图
1—样气/标准气入口;2—限流器;3—吹扫入口(用于机箱和切光片吹扫);4—气体出口;5—膜式过滤器;
6,7—凝液罐;8—浮子流量计;9—压力开关;10—测量气室;11—微流量检测器和接收气室

3.5　采用固体检测器的固定分光型红外分析器

采用固体检测器(光电导检测器、热释电检测器)的红外线气体分析器,其光学系统为单光路结构,测量方式属于固定分光型,虽然检出限和灵敏度不如采用气动检测器的双光路仪器,但也有一定的优势和独到之处:

①它是空间单光路系统,不存在双光路系统中参比与测量光路因污染等原因造成的光路不平衡问题。

②它又是时间双光路系统,可使相同干扰因素对光学系统的影响相互抵消。

③通用性强,改变测量组分时,只需更换不同波长通带的干涉滤光片即可。

④检测器不存在漏气问题,寿命长。

⑤结构简单,体积小、价格低廉。

3.5.1　工作原理和结构组成

固体检测器的响应仅与红外辐射能量有关,对红外辐射光谱无选择性。它对待测组分特征吸收波长的选择是靠滤波技术实现的,将空间单光路转变为时间双光路也是靠滤波技术实现的。

普遍采用的两种滤波技术是干涉滤波相关技术(IFC)和气体滤波相关技术(GFC),滤波元件分别是窄带干涉滤光片和滤波气室。

(1)采用干涉滤波相关技术(IFC)的红外分析器

图3.16是一种采用IFC技术的红外分析器原理结构图。光源1发出的红外光束经滤光片轮8加以调制后射向气室。滤光片轮上装有两种干涉滤光片,其中一种是测量滤光片,其通带中心波长是待测组分的特征吸收波长,另一种是参比滤光片,通带中心波长是各组分都不吸收的波长。两种滤光片间隔设置,当滤光片轮在马达驱动下旋转时,两种滤光片交替进入光路系统,形成时间上分割的测量、参比光路。

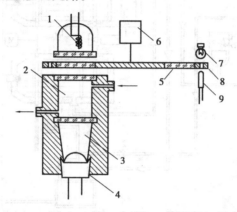

图3.16　采用IFC技术的红外分析器原理结构图

1—光源;2—测量气室;3—接收气室;4—热释电检测元件;5—窄带干涉滤光片;
6—同步电机;7—同步光源;8—滤光片轮;9—光敏三极管

当测量滤光片置于光路时,射向测量气室的红外光被待测组分吸收了一部分,到达检测元件的光强因此而减弱。当参比滤光片置于光路时,射向测量气室的红外光各组分都不吸收,到达检测元件的光强未被削弱。这两种波长的红外光束交替通过测量气室到达检测元件,被转换成与红外光强度(待测组分浓度)相关的交变信号。

接收气室3是一个光锥缩孔,其作用是将光路中的红外光全部会聚到检测元件上。

(2)采用气体滤波相关(GFC)技术的红外分析器

图3.17是一种采用GFC技术的红外分析器原理结构图。滤波气室轮2上装有两种滤波气室,一种是分析气室M,充入氮气,另一种是参比气室R,充入高浓度的待测组分气体。两种滤波气室间隔设置,当滤波气室轮在马达驱动下旋转时,分析气室和参比气室交替进入光路系统,形成时间上分割的测量、参比光路。

当分析气室M进入光路时,由于M中充的是氮气,对红外光不吸收的光束全部通过,进入光路系统形成测量光路。当参比气室R进入光路时,由于R中充的是待测组分气体,红外光中的特征吸收波长部分几乎被完全吸收,其余部分进入光路系统形成参比光路。

光源发出的红外光中能被待测组分吸收的仅仅是一小部分,为了提高仪器的选择性,加入了窄带干涉滤光片4,其通带中心波长选择在待测组分的特征吸收峰上,只有特征吸收波长附近的一小部分红外光能通过滤光片进入测量气室5。

从上面可以看出,IFC和GFC都属于差分吸收光谱技术。IFC是一种波长参比技术,被测组分吸收波长与非吸收波长信号差减,可以抵消光源老化、晶片或气室污染、电源波动等因素对光强的影响。GFC 属于组分参比技术,被测组分吸收光谱和背景组分吸收光谱信号差减,可以抵消吸收峰交叉、重叠造成的干扰,也可抵消光源老化、晶片和气室污染、电源波动等因素对光强的影响。

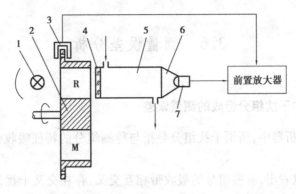

图 3.17　采用 GFC 技术的红外分析器原理结构图

1—光源;2—滤波气室轮;3—同步信号发生器;4—干涉滤光片;

5—测量气室;6—接收气室;7—锑化铟检测元件

采用何种滤波技术进行测量,取决于被测气体的光谱吸收特性和测量范围。一般来说,常量分析或被测气体吸收峰附近没有干扰气体的吸收(非深度干扰)时,可采用 IFC 技术;微量分析或被测气体吸收峰附近存在干扰气体的吸收(深度干扰)时,则须采用 GFC 技术。

3.5.2　多组分红外分析模块

图 3.18 是一种多组分红外分析模块的原理结构图,模块采用脉冲光源,4 块滤光片平均布置在光路中,没有滤光片轮,检测器中装在 4 个热释电红外检测器,位置与 4 个滤光片一一对应,分别接受 4 个波长的红外光能量,4 个检测元件制作在一个基座上的,温度变化相同,可以互相补偿。

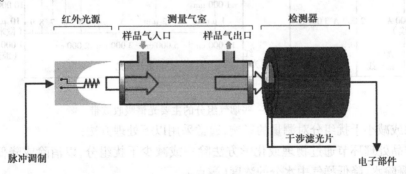

图 3.18　多组分红外分析模块的原理结构图

多组分红外分析模块可同时测量 3 种组分,其工作原理是:对于每个测量组分,选择一个测量波长,一个参比波长。在测量波长上,气体有强烈的吸收;在参比波长上,气体没有吸收。3 种被测组分分别使用 3 个测量波分,1 个参比波长是公用的。脉冲光源的发光频率由计算机控制,光源每发出一次红外辐射脉冲,检测器可以同时得到 4 个信号:3 个测量,1 个参比。进行信号采集后由计算机处理得到各气体组分的浓度信号。

多组分红外分析模块中没有机械调制部件,结构十分简单,不仅成本降低,可靠性也提高了。由于受光源功率和热惯性的限制,测量量程较宽,测量精度不高,滞后时间也稍长,但能满足大部分过程分析的需要。

3.6 测量误差分析

3.6.1 背景气中干扰组分造成的测量误差

在红外线气体分析器中,所谓干扰组分是指与待测组分的特征吸收带有交叉或重叠的其他组分。

从图 3.19 中可以看出,有些组分的吸收带相互交叉,存在交叉干扰,其中以 CO、CO_2 最为典型,给 CO 或 CO_2 的测量带来困难。有些组分的吸收带相互重叠,存在着重叠干扰,其中以 H_2O 最为突出。水分在 $1\sim9~\mu m$ 内几乎有连续的吸收带,其吸收带和许多组分的吸收波带重叠在一起。

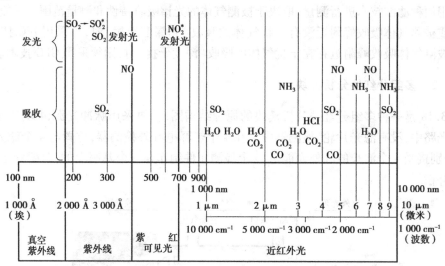

图 3.19 一些烟气组分的主要光谱吸收波带

为消除或减小干扰组分对测量的影响,通常采用以下处理方法:

①在样品处理环节通过物理或化学方法除去或减少干扰组分,以消除或降低其影响,例如,通过冷凝除水,降低样气中水分的浓度(露点)。

②如果干扰组分和水蒸气的浓度是不变的,可以用软件直接扣除其影响量。例如,采用带温控系统的冷却器降温除水是一种较好的方法,可将气样温度降至 5 ℃ ±0.1 ℃,保持气样中水分含量恒定在 0.85% 左右,使它对待测组分产生的干扰恒定,造成的附加误差是恒定值,可从测量结果中扣除。

③如果干扰组分的浓度不确定和随机变化,可采取滤波措施,设置滤波气室或干涉滤光

片。例如:CO、CO_2 吸收峰相互交叉,给 CO 的测量带来干扰。可在光路中加装 CO_2 滤波气室,使 CO_2 吸收波带的光在进入测量气室之前就被吸收掉,而只让 CO 吸收波带的光通过。也可加装窄带干涉滤光片,其通带比 CO 的吸收峰狭窄得多,红外光中能通过干涉滤光片的只有 CO 特征吸收波长 4.65 μm 附近很窄的一段,干扰组分 CO_2 无法吸收这部分能量,故避开了干扰。

④采用多组分气体分析器,同时测量多种气体组分,通过计算消除不同组分之间的交叉干扰和重叠干扰。例如,某公司的多组分红外分析器就具有这种自动校正功能。在烟气排放连续监测系统(CEMS)中,测量 SO_2、NO 的红外分析仪增加了 H_2O 的测量功能,用 H_2O 的测量值对 SO_2、NO 的测量值进行动态校正。

⑤改变标准气的组成来修正干扰误差。例如,CEMS 系统分析 SO_2 会受到 CO_2 的干扰,常规 SO_2 红外分析器在 12% CO_2 时的干扰误差可能达到 500 ppm SO_2 左右,环境监测处于低浓度 SO_2 情况时,有可能出现显示负值的不正常现象,可以改变标准气的组成来加以修正,比如:原用零点气 99.99% N_2,改用零点气 12% CO_2/N_2;原用量程气 2 000 ppm SO_2/N_2,改用量程气 (2 000 ppm SO_2 + 12% CO_2)/N_2,校准分析器的操作步骤不变。当样气中 CO_2 含量正好是典型值 12% CO_2 时,干扰误差为零。

3.6.2 样品处理过程可能造成的测量误差

红外线气体分析器的样品处理系统承担着除尘、除水和温度、压力、流量调节等任务,处理后应使样品满足仪器长期稳定运行要求。除应保证送入分析仪的样品温度、压力、流量恒定和无尘外,特别应注意的是样品的除水问题。

当样气含水量较大时,主要危害有以下几点:

①样气中存在的水分会吸收红外辐射,从而给测量造成干扰。

②当水分冷凝在晶片上时,会产生较大的测量误差。

③水分存在会增强样气中腐蚀性组分的腐蚀作用。

④样气除水后可能造成样气的组成发生变化。

为了降低样气含水的危害,在样气进入仪器之前,应先通过冷却器降温除水(最好降至 5 ℃ 以下),降低其露点,然后伴热保温,使其温度升高至 40 ℃ 左右,送入分析器进行分析。由于红外分析器恒温在 45~60 ℃ 工作,远高于样气的露点温度,样气中的水分就不会冷凝析出了。这就是样品处理中的"降温除水"和"升温保湿"。

在采用冷却器降温除水时,某些易溶于水的组分可能损失,例如烟气中的 SO_2、NO、CO_2 等会部分溶解于冷凝液中。样品处理系统的设计应尽可能避免此种情况,包括迅速将冷凝液从气流中分离出来,尽可能减少冷凝液与干燥后样气的接触时间和面积等。根治这一问题的办法是采用 Nafion 管干燥器,其优点是:Nafion 管没有冷凝液出现,根本不存在被测组分流失的问题,样气露点可降低至 0 ℃ 以下甚至 -20 ℃。

3.6.3 标准气体造成的测量误差

在线分析仪器的技术指标和测量准确度受标准气制约。如果校准用的标准气体纯度或准确度不够,会对测量造成影响,尤其是对微量分析。

使用标准气体应注意以下事项:

①不可使用不合格的或已经失效的标准气,标准气的有效期仅为1年。

②标准气体的组成应与被测样品相同或相近,含量最好与被测样品含量相近,以尽量减少由于线性度不良而引起的测量误差。

③安装气瓶减压阀时,应微开气瓶角阀,用标气吹扫连接部,同时安装减压阀。其作用是置换连接部分空间中的空气,以免混入气瓶污染标气。

④输气管路系统要具有很好的气密性,防止环境气体漏入污染标准气体。

上述③、④对于微量氧、微量氮标准气尤为重要。

3.6.4 电源频率变化造成的测量误差

不同型号的红外线气体分析器切光频率是不一样的。它们都由同步电机经齿轮减速后带动切光片转动。一旦电源频率发生变化,同步电机带动的切光片转动频率亦发生变化,切光频率降低时,红外辐射光传至检测器后有利于热能的吸收,有利于仪器灵敏度的提高,但响应时间减慢。切光频率增高时,响应时间增快,但仪器灵敏度下降。仪器运行时,供电频率一旦超过仪器规定的范围,灵敏度将发生较大变化,使输出示值偏离正常示值。

对于一个 50 Hz 的电源,其频率变化误差要求保持在 ±1% 以内,即 ±0.5 Hz 以内。如果频率的变化达到 ±0.8 Hz,由其产生的调制频率变化误差将达到 ±1.6%,根据计算,此时检测部件的热时间常数会发生 ±0.04% 以上的变化,由此造成的测量误差可能达到 ±1.25% ~ ±2.5%。

检测信号经阻抗变换后需进行选频放大。不同仪器的切光调制频率不同,选频特性曲线也不同。一旦电源频率变化,信号的调制频率偏离选频特性曲线,也会使输出示值严重偏离。因此,红外分析器的供电电源应频率稳定,波动不能超过 ±0.5 Hz,波形不能有畸变。

3.6.5 温度变化造成的影响

温度对红外分析器的影响体现在两个方面,一是被测气体温度对测量的影响;二是环境温度对测量的影响。

被测气体温度越高,则密度越低,气体对红外能量的吸收率也越低,进而所测气体浓度就越低。红外分析器的恒温控制可有效控制此项影响误差。红外分析器内部设有温控装置及超温保护电路,恒温温度的设定值为 45 ~ 60 ℃,视不同厂家的设计而异。

环境温度对光学部件(红外光源,红外检测器)和电气模拟通道都有影响。通过较高温度的恒温控制,选用低温漂元件和软件补偿可以消除环境温度对测量的影响。根据经验,在工业现场应将红外分析器安装在分析小屋内,冬季蒸汽供暖,夏季空调降温,室内温度一般控制在 10 ~ 30 ℃。不宜将红外分析器安装在现场露天机柜内,因为这种安装方式无论是冬季保暖还是夏季降温均难以解决,夏季阳光照射往往造成超温跳闸。

日常运行时,若无必要,不要轻易打开分析器箱门,一旦恒温区域被破坏,需较长时间才能恢复。

3.6.6 大气压力变化造成的影响

大气压力即使在同一个地区,同一天内也是有变化的。若天气骤变时,变化的幅度较大。大气压力变化 ±1% 时,其影响误差约为 ±1.3%(不同原理的仪器有所差别)。对于分析后气样就地放空的分析器,大气压力的这种变化,直接影响分析气室中气样的压力,从而改变了气样的密度及对红外能量的吸收率,造成附加误差。

对一些微量分析或测量精确度要求较高的仪器,可增设大气压力补偿装置,以便消除或降低这种影响。对于高浓度分析(如测量范围 90% ~ 100%),必须配置大气压力补偿装置。红外线分析器的压力补偿技术,有可能将压力变化的影响误差降低一个数量级。例如,高浓度分析的测量误差为 ±1% FS,进行压力补偿后,测量误差可降至 ±0.1% ~ 0.2% FS。

对于分析后气样排火炬放空或返工艺回收的分析器,排放管线中的压力波动,会影响测量气室中气样的压力,造成附加误差。此时可采取以下措施:

①将气样引至容积较大的集气管或储气罐缓冲,以稳定排放压力。

②外排管线设置止逆阀(单向阀),阻止火炬系统或气样回收装置压力波动对测量气室的影响。

③最好是在气样排放口设置背压调节阀(阀前压力调节阀),稳定测量气室压力。

3.6.7 样品流速变化造成的影响

样品流速和压力紧密关联,样品处理系统由于堵塞、带液或压力调节系统工作不正常,会造成气样流速不稳定,使气样压力发生变化,进而影响测量。一些精度较差的仪器,当流速变化 20% 时,仪表示值变化超过 5%,对精度较高的仪器,影响则更大。

为了减少流速波动造成的测量误差,取样点应选择在压力波动较小的地方,预处理系统要能在较大的压力波动条件下正常工作,并能长期稳定运行。

气样的放空管道不能安装在有背压、风口或易受扰动的环境中,放空管道最低点应设置排水阀。若条件允许,气室出口可设置背压调节阀或性能稳定的气阻阀,提高气室背压,减少流速变动对测量的影响。

日常维护中应定期检查气室放空流速,一旦发现异常,应找出原因加以排除。

3.7 傅里叶变换红外光谱仪

3.7.1 傅里叶变换红外光谱仪简介

傅里叶变换红外光谱仪(Fourier Transform Infrared Spectrometer,简称 FTIR 光谱仪)采用干涉分光原理。它由光学系统、电子电路、计算机数据处理、接口和显示装置等部分组成,如图 3.20 所示。

光学系统由定镜、动镜、分束器组成的主干涉仪和激光干涉仪、白光干涉仪、光源、检测器以及各种红外反射镜组成。主干涉仪用于获得样品干涉图,激光干涉仪用于实现主干涉图的等间隔取样、动镜速度和移动距离的监控,白光干涉仪用于保证每次扫描在同一过零点开始取样(近年来新型仪器都取消了白光干涉仪,采用激光回扫相位差来确定采样初始位置)。电子电路的主要任务是把检测器得到的信号经放大器、滤波器处理后送至计算机数据处理系统。另一功能是按键盘输入指令对干涉仪动镜、光源、检测器、分束器的调整进行控制,以实现自动操作。计算机通过接口与光学测量系统的电路相连,把测量的模拟信号转变为数字信号,在计算机内进行运算处理,把计算结果输出给显示器及打印机。计算机系统一般用阵列处理器加快运算速度。

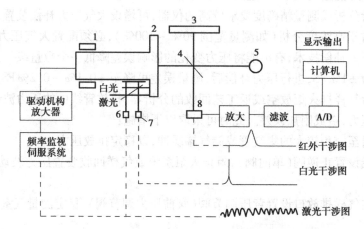

图3.20　FTIR光谱仪的组成与原理示意图

1—动镜驱动机构;2—动镜;3—定镜;4—分束器;

5—光源;6—激光检测器;7—白光检测器;8—红外光检测器

FTIR光谱仪具有如下突出优点:

①大大提高了谱图的信噪比。FTIR光谱仪所用的光学元件少,无狭缝和光栅分光器,因此到达检测器的辐射强度高,信噪比大。

②波数测量精度高,利用氦氖激光器可准确至 ± 0.01 cm^{-1}。

③峰形分辨能力强,可达 0.1 cm^{-1}。

④扫描速度快。傅里叶变换仪器动镜一次运动完成一次扫描所需时间仅为一至数秒,可同时测定所有的波数区间。而光栅分光型仪器在任一瞬间只观测一个很窄的频率范围,一次完整的扫描需数分钟。

在线FTIR光谱仪已用于排放源连续监测,其优势之一是使用一台仪器可以同时测量多种气体组分。这一特点适用于燃烧源、有毒废物焚烧炉以及工业生产过程。一般来说,这种仪器最适合测量低分子量化合物(分子量<50)。例如,FTIR光谱仪已被用于分析图3.21所示的燃烧气体样品的复杂红外吸收光谱。

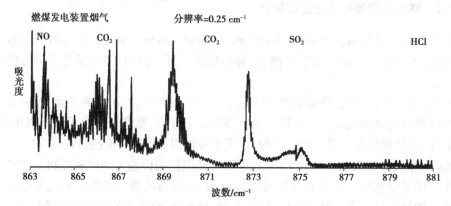

图3.21　一种燃烧气体样品的红外吸收光谱

3.7.2 在线 FTIR 光谱仪

在线 FTIR 光谱仪的典型光谱分析范围为 $2.5 \sim 25~\mu m(4\,000 \sim 400~cm^{-1})$。FTIR 光谱仪的核心部件是迈克尔逊干涉仪,其工作原理如图 3.22 所示。该系统中有一个移动反射镜(动镜),它可以改变光束穿行的距离。图中的氦氖激光器用于精确测定动镜移动的距离(x)。来自红外光源的光,通过光束分离器被分成两束,一束光透射穿过,一束光被反射出去。透射光束射向动镜,经动镜回射再返回光束分离器。反射光束射向固定反射镜(定镜),同样经定镜回射返回光束分离器。这两束光在光束分离器汇合后,穿过样品池到达检测器。

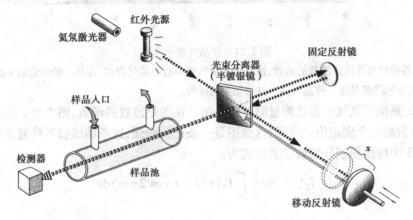

图 3.22　迈克尔逊干涉仪工作原理示意图

当光束分离、各自穿行不同的距离后再度汇合时,根据它们的相位是否相同或者相反(在同一相位或在不同相位),将发生相长或相消干涉。这种干涉产生了光谱信息,可用于测定气体的浓度。

在现今的 FTIR 光谱仪中,参比气室已经不是典型配置,取而代之的是仪器初始运行时获得的参比光谱,这种参比光谱是在测量气室中通入某种不吸收红外光的气体(一般采用氮气)测得的。红外光穿过参比气体后得到的信号提供了一个参比基准(空白值),或者说提供了一个"背景光"测量值,以便与样品测量值进行比较。这个参比信号储存在微处理器系统中,作为随后进行计算时的 I_0 参比值。

对于使用多色光源的干涉仪,所形成的干涉图如图 3.23 和图 3.24 所示。

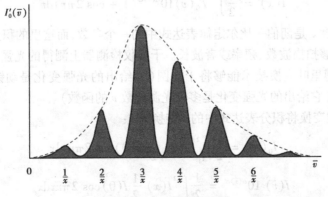

图 3.23　参比气室干涉图

注:检测器的信号强度是波数的函数,这是采用多色光源,在某一固定的 x 处得到的一张图,图中的虚线表示光源的强度分布。

53

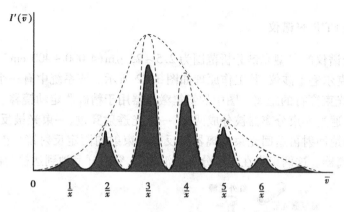

图 3.24 样品气室干涉图

注:检测器的信号强度是波数的函数,这是当测量气室中有样品气存在,在某一的固定的 x 处得到的一张图。图中透射率的降低是由于样品气体对红外辐射的吸收。

图 3.23 是使用氮气作参比测量时的干涉图。该图是波数的函数,图中的 x 是对应于动镜所处某一位置的一个固定值。注意,这张图是一条正弦曲线,这条曲线被各种波长的光强所调制。图 3.23 中峰面积积分的数学表达式为:

$$I_0(x) = \frac{1}{2}\int_{\bar{v}_1}^{\bar{v}_2}I'_0(\bar{v})(1 + \cos 2\pi x\bar{v})\,\mathrm{d}\bar{v} \tag{3.19}$$

式中:

$$I'_0(\bar{v}) = \frac{\mathrm{d}I_0(\bar{v})}{\mathrm{d}\bar{v}} \tag{3.20}$$

式(3.19)中的 $I_0(x)$ 表示干涉图中各点光的总强度(各种波长光的综合强度)。对于 x 的每一个值,即动镜的每一个位置,都有一张不同的干涉图和一个不同的 I_0 值。总的参比气室干涉图是通过绘制对应于每个 x 值的 I_0 值得到的。

FTIR 光谱分析方法也是基于朗伯—比尔定律。当测量气室中通入样品气时,红外光将被气室中的样品吸收,结果造成图 3.23 中的吸收峰缩小,如图 3.24 所示。同样,图 3.24 中峰面积积分的数学表达式为:

$$I(x) = \frac{1}{2}\int_{\bar{v}_1}^{\bar{v}_2}I'_0(\bar{v})10^{\alpha(\bar{v})cl}(1 + \cos 2\pi\bar{v})\,\mathrm{d}\bar{v} \tag{3.21}$$

注意,气体浓度 c 是朗伯—比尔定律表达式中的一个参数,而这里的积分表达式是波数的函数,干涉仪不能够扫描波数、频率或者波长。干涉仪检测器上测得的光强只是动镜移动距离 x 的函数。但是,傅里叶变换技术能够将干涉图(它给出的光强变化是动镜移动距离 x 的函数)转变为频谱图(它给出的光强变化是多色光源波数 $\bar{v}$ 的函数)。

通过傅里叶逆变换将积分表达式中的 $\bar{v}$ 转换为 x:

$$I_0(\bar{v}) = \frac{1}{2}\int_{x_1}^{x_2}I_0(x)\,\frac{1}{2}I_0(0)\cos 2\pi\bar{v}x\,\mathrm{d}x \tag{3.22}$$

$$I(\bar{v})10^{\alpha(\bar{v})cl} = \frac{1}{2}\int_{x_1}^{x_2}I(x)\,\frac{1}{2}I(0)\cos 2\pi\bar{v}x\,\mathrm{d}x \tag{3.23}$$

式(3.22)和式(3.23)是当 $I(\bar{v})$ 被限定在一个波数范围内时的吸收光谱表达式。

如果两式相除,即可由这种积分式推导出由朗伯—比尔定律形式表达的被测气体浓度计算式：

$$10^{\alpha(\bar{v})cl} = \frac{\int_{x_1}^{x_2} I(x) \frac{1}{2} I(0) \cos 2\pi \bar{v}x \mathrm{d}x}{\int_{x_1}^{x_2} I_0(x) \frac{1}{2} I_0(0) \cos 2\pi \bar{v}x \mathrm{d}x} \qquad (3.24)$$

通过氦氖激光器精确测定 x，当红外光束穿过参比气室时测量对应每个 x 的光强，则可确定 $\alpha(\bar{v})cl$ 值。一旦获得这种离散的吸收光谱信息，分析仪的微处理器将立即搜寻期望的定性定量信息。这一步是借助于"光谱图库"实现的，计算机中储存有所有被测气体组分的吸收光谱资料，用来与实测的谱图数据比对。光谱图库是采用 FTIR 光谱仪分析已知浓度的各种化合物组分获得的。各种数学方法（如最小二乘方法）被用于这种数据处理以获得 ppm 级的浓度。

FTIR 分析技术涉及多种技术手段和数学方法的综合应用，其分析过程和操作步骤如图 3.25 所示。

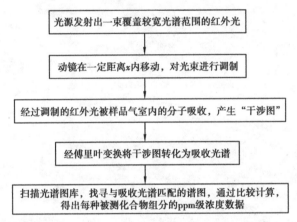

图 3.25　FTIR 分析过程和操作步骤

FTIR 技术的吸引力在于，对于某种新的应用对象，如果需要测量一种"新"的化合物，并不需要设计一种新的仪器。FTIR 技术能够测量任何一种化合物，条件是这种化合物在特定的红外波段吸收光能。对于某种新的应用对象，FTIR 光谱仪需要将这种化合物的吸收特性及其在排放源中的浓度范围纳入光谱图库。这些谱图仪器制造厂家可能事先已经存入数据库中备用，但有时也需要从其他来源获得。

思考题

1. 红外辐射有何特点？波长、波数、频率、光子能量之间有何关系？

2. 什么是特征吸收波长？试述红外线气体分析仪的测量原理。

3. 采用薄膜电容检测器的红外线气体分析器，其光学系统的灵敏度与切光片的调制频率之间的关系是（　　）。

　　A. 调制频率的改变不会影响其灵敏度　　　　B. 提高调制频率会提高其灵敏度
　　C. 适当降低调制频率会提高其灵敏度

4. 滤波气室和干涉滤光片比较,各有何特点? 各适用于何种场合?

5. 试述薄膜电容检测器的工作原理、结构和特点。

6. 什么是微流量检测器?

7. 图 3.10 是新型双光路红外分析仪的原理示意图,该仪器采用薄膜电容检测器,其接收气室属于串联型结构,有前、后两个气室,请说明其工作原理。

8. 串联型接收气室和并联型接收气室相比有何优点?

9. 图 3.5 为采用微流量检测器的多组分红外分析仪光学系统示意图,试述其工作原理。

10. 背景气中的干扰组分会造成测量误差,如何消除或降低干扰组分的影响?

11. 试述傅里叶变换红外分析仪(FTIR)的工作原理。

4

紫外线气体分析器

4.1 紫外-可见吸收光谱法概述

4.1.1 吸收光谱法的作用机理

吸收光谱法是基于物质对光的选择性吸收而建立的分析方法,包括原子吸收光谱法和分子吸收光谱法两类。紫外-可见吸收光谱法和红外吸收光谱法均属于分子吸收光谱法。吸收光谱法的作用机理参见 3.1 节。

紫外-可见吸收光谱一般包含有若干谱带系,不同谱带系相当于不同的电子能级跃迁,一个谱带系(即同一电子能级跃迁)含有若干谱带,不同谱带相当于不同的振动能级跃迁。同一谱带内又包含有若干光谱线,每一条线相当于转动能级的跃迁。所以紫外-可见吸收光谱是一种连续的较宽的带状光谱,我们称之为吸收带。

而在近红外和中红外波段,其电磁辐射的能量不足以引起电子能级的跃迁,只能引起振动能级跃迁,同时伴随着转动能级的跃迁,其吸收曲线也不是简单的锐线,而是连续但较窄的带状光谱,我们称之为吸收峰。

4.1.2 样品组成对吸收光谱的影响

如果样品中含有不止一种组分,由于各种组分的紫外-可见吸收谱带都比较宽,它们往往会重叠在一起而难以分开,如图 4.1 所示,给单一组分的测量带来严重干扰。因此,在紫外-可见光谱分析法中,存在的主要问题是各个吸收带之间的重叠干扰。

而在红外光谱吸收法中,各种组分的红外吸收峰则比较窄,各吸收峰之间一般不会重叠,只有少数吸收峰的边缘部分可能相互交叉,给某些组分的测量(特别是微量分析)带来干扰。因此,在红外光谱分析法中,需要克服的主要问题仅是某些吸收峰之间的交叉干扰。

当样品中含有水分时,对二者的影响是不同的。水分在紫外-可见光谱区虽然也存在对光能的吸收,但是吸收能力相对较弱,除非出现水分含量较高的部分情况,需要将它的吸收干扰特殊处理外,一般情况下,这种干扰可以忽略不计。因而,从测量层面讲,可以无须对样品除水脱湿,只需防止水蒸气的冷凝即可。在烟气排放监测中,紫外分析仪可以采用热湿法测量,就是基于这一优势。

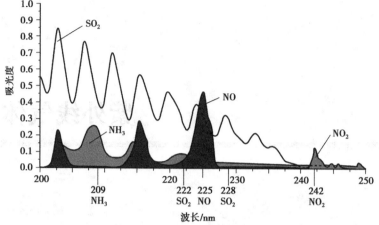

图 4.1 SO₂、NO、NO₂ 和 NH₃ 在紫外波段的吸收光谱

但在红外光谱区,水分在 1~9 μm 波长几乎有连续的吸收带,其吸收带和许多组分的吸收峰重叠在一起。因而在红外分析仪中,必须对样品除水脱湿,即使如此也难以消除水分干扰带来的测量误差。

当样品中含有颗粒物时,对二者的影响则是相同的,因为颗粒物(包括固体颗粒物和微小液滴)均会对光线产生散射,无论是紫外还是红外分析仪,均须对样品过滤除尘。

4.2 采用滤光片分光的紫外分光光度计

采用滤光片分光的紫外分光光度计就是通常所说的 NDUV(不分光、非分散)型紫外线气体分析仪。图 4.2 是一种双波长紫外分光光度计的原理结构图。当被测气体通过测量气室时,光源发射的紫外光照射在被测气体上,其中某一波长的光被气体吸收,光束被半透明半反射镜分成两路,每一路通过一个干涉滤光片到达检测器。测量通道上的滤光片只让被测气体吸收波长的光通过,参比通道上的滤光片只让未被气体吸收的某一波长的光通过,参比对数放大器输出值与测量对数放大器与的输出值之差与被测气体的浓度成正比。

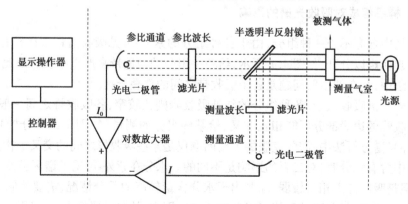

图 4.2 双波长紫外分光光度计的原理结构图

根据朗伯—比尔定律：

$$I = I_0 \mathrm{e}^{-kcl} \tag{4.1}$$

式中　I_0——射入被测气体的光强；

　　　I——经被测气体吸收后的光强；

　　　k——被测组分对光能的摩尔吸收系数；

　　　c——被测组分的摩尔浓度；

　　　l——光线通过被测气体的光程(气室长度)。

由式(4.1)推导可得：

$$\frac{I}{I_0} = \mathrm{e}^{-kcl} \longrightarrow \ln \frac{I}{I_0} = -kcl \longrightarrow \lg \frac{I}{I_0} = -\frac{1}{2.303}kcl$$

$$\longrightarrow \lg \frac{I_0}{I} = \lg I_0 - \lg I = \frac{1}{2.303}kcl \tag{4.2}$$

根据式(4.2)就可计算出被测组分的浓度 c。

图4.3是用双波长紫外分光光度计测量 SO_2 浓度的原理示意图。

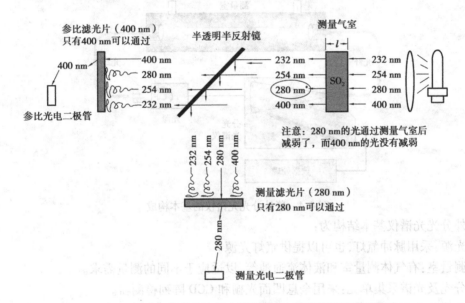

图4.3　双波长紫外分光光度计测量 SO_2 浓度的原理示意图

当被测气体中只有一种组分吸收紫外光时，可以用双波长紫外分析仪进行测量。当被测气体中有两种或两种以上组分都吸收紫外光时，就需要采用多波长紫外分析仪加以测量。

当被测气体中有几种组分同时吸收多种波长的紫外光时，它们的吸收带往往重叠在一起，任一特定波长紫外线的总吸收量是每种组分的吸收量之和。在对某一测量波长使用朗伯—比尔定律时，将得到一个在该波长下测量得到的吸收量与未知组分浓度相关的线性方程。每个测量波长上的总吸收量等于比例常数乘以第一种组分的摩尔吸光系数与其浓度的乘积，加上第二种组分的摩尔吸光系数与其浓度的乘积，依次类推应用于测量气室中吸收紫外光的所有组分。如果测量波长大于或等于未知浓度组分的数量，则该线性方程组可使用线性代数的标准方法求解。

采用滤光片分光的紫外线气体分析仪产品本书将在第11章"硫分析仪"中详细介绍,本章重点介绍采用光栅连续分光的紫外分光光谱仪。

4.3　采用光栅连续分光的紫外分光光谱仪

4.3.1　仪器的基本构成

(1)基本结构

某系列紫外分光光谱仪有盘装和壁挂两种结构型式,仪器的基本构成如图4.4所示。它主要由辐射光源、测量气室、分光光谱仪三大部分组成,辐射光源提供仪器工作波段内的宽带光谱,通过光纤传输,使光线穿过测量气室的待测样品,再传输到分光光谱仪,经分光元件分光后,各种不同波长的光能量由探测器采集并送至数据处理模块,通过光谱分析得到各待测组分的浓度。

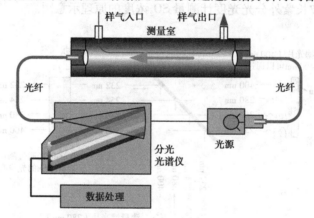

图4.4　紫外分光光谱仪的基本构成

紫外分光光谱仪基本结构为:

①光源:采用脉冲氙灯,也可以提供氘灯光源。

②测量室:有气体测量室和液体流通池等,以适应于不同的测量需求。

③分光及光谱采集单元:采用全息凹面光栅和CCD阵列检测器。

④数据处理和显示:采用32位高性能ARM处理芯片和WinCE操作系统,操作方式为触摸屏。

(2)典型测量组分

紫外分光光谱仪的典型测量组分如表4.1所示。

表4.1　典型测量组分

测量组分	测量下限	最小量程
SO_2	0.1 ppm	0～10 ppm
NO	0.1 ppm	0～10 ppm
NO_2	1 ppm	0～100 ppm

续表

测量组分	测量下限	最小量程
NH$_3$	0.1 ppm	0 ~ 10 ppm
H$_2$S	1 ppm	0 ~ 10 ppm
COS	5 ppm	0 ~ 500 ppm
CS$_2$	0.1 ppm	0 ~ 10 ppm
HCl	5 ppm	0 ~ 5%
Cl$_2$	3 ppm	0 ~ 150 ppm
NCl$_3$	1 ppm	0 ~ 10 ppm
CH$_3$I	1 ppm	0 ~ 10 ppm

注:测量下限是在 1 m 光程、1 个标准大气压、20 ℃时测得。

4.3.2 紫外分光光谱仪的主要部件

(1)光源

氘灯辐射 190 ~ 500 nm、氙灯在 200 ~ 400 nm 波段内有连续的紫外辐射。氙灯不仅可以连续发光,而且可以脉冲发光,脉冲工作方式使其使用寿命远长于连续光源,可达 4 ~ 5 年,而连续发光氙灯的使用寿命仅有数千小时。

(2)光栅

光栅利用光的衍射和干涉现象使复合光按波长进行分解。光栅的种类很多,在紫外分析仪中,应用最广泛的是反射式衍射光栅。根据光栅基面的形状是平面还是凹面,反射式衍射光栅又分为平面光栅和凹面光栅两类;根据光栅是用机械刻划方法还是用全息干涉方法制成的,又可分为刻划光栅和全息光栅(利用激光的干涉条纹和光致抗蚀剂光刻而成)。

反射式平面光栅是在高精度平面上刻有一系列等宽而又等间隔的刻痕所形成的光学元件,一般的光栅在 1 mm 内刻有几十条至数千条的刻痕。当一束平行的复合光入射到光栅上时,其上的每一条缝(或槽)都会使光发生衍射,各条缝(或槽)衍射的光又会发生相互干涉,由于多缝衍射和干涉的结果,光栅能将复合光按波长在空间分解为光谱。

所谓光的干涉现象,是指两束或多束具有相同频率、相同振动方向、相近振幅和固定相位差的光波,在空间重叠时,在重叠区形成恒定的加强或减弱的现象。当两光波相位相同时互相增强,振幅等于两振幅之和,称为相长干涉;两光波相位相反时互相抵消,振幅等于两振幅之差,称为相消干涉。

光栅的分光作用如图 4.5 所示,两根入射的光线 R_1 和 R_2 到达光栅时,R_1 比 R_2 超前 $b \sin i$(其中 i 是入射角),在离开光栅时,R_2 比 R_1 超前 $b \sin r$(其中 r 是反射角),若两根光线的净光程差 $b(\sin i - \sin r)$ 等于波长的整数倍 $m\lambda$,则光线 R_1 和 R_2 相位相

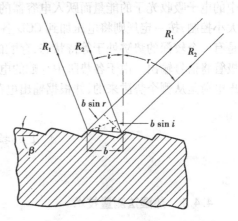

图 4.5 光栅分光原理示意图

同,并在角 r 的方向形成互相加强的干涉。

若光栅的设置使其入射角与反射角在光栅法线的同侧,则光线离开栅时,R_1 比 R_2 超前,此时净光程差为 $b(\sin i + \sin r)$。因此,可以得出常见的光栅公式:

$$m\lambda = b(\sin i \pm \sin r) \tag{4.3}$$

式中　m——干涉级次,当 $m = 0, \pm 1, \pm 2, \pm 3, \cdots\cdots$ 时,出现干涉极大值;

　　　b——光栅缝槽间的距离,称为光栅常数。

由式(4.3)可知,当复合光射向光栅时,由于光的干涉,不同波长的同一级主极大值和次极大值(除零级 $m = 0$ 以外)均不重合,而是按波长的次序顺序排列,形成一系列分立的谱线。这样,混合在一起入射的各种不同波长的复合光,经光栅衍射后彼此被分开了。

反射式凹面光栅是在高精度球面上刻划一系列划痕所形成的光栅,它将平面光栅的色散作用和凹面反射镜的聚焦成像作用结合起来。因此,凹面反射光栅型光谱仪的结构很简单,只需狭缝、凹面光栅、阵列探测器即可。由于凹面光栅取代了聚焦元件,减少了光学元件的数量,凹面光栅型光谱仪能取得高的成像质量及高的通光强度(过多的光学元件会增加杂散光,并且由于反射率的影响会使光强减弱很多)。随着激光全息加工技术的发展,可校正像差、低杂散光且具有平整光谱像面的凹面光栅已成为紫外-分光光谱仪中广泛应用的光栅之一。

(3)检测器

①光电二极管阵列检测器(Photodiode Array Detector,PAD):PAD 是一种固态光电检测器,它由一整块半导体芯片组成,内部集成有半导体光电二极管阵列,每个光电二极管所产生的输出电流大小对应于照射在其上的光的强弱。光源发出的复合光通过测量气室后,由光栅色散,色散后的单色光直接为数百个光电二极管接收,单色光的谱带宽度接近于各光电二极管的间距,因而每个光电二极管所接收的是单一波长的光,其输出值与波长相对应。通过扫描电路,按周期顺序读取各个光电二极管的输出值,便可检测出相应的光谱信息。

PAD 属于一维(线阵)检测器,其特点是检测精度高、线性好,但灵敏度不如光电倍增管。

②电荷耦合阵列检测器(Charge Coupled Device,CCD):CCD 是一种新型的固态光电检测器,由许多紧密排列的光敏检测阵元组成,每个阵元都是一个金属-氧化物-半导体(MOS)电容器。当一束光线投射在任一电容器上时,光子穿过透明电极及氧化层进入 P 型硅衬底,衬底中的电子吸收光子的能量而跃入电容器的电子势阱中,形成存储电荷。势阱的深浅可由电压大小控制,按一定规则将电压加到 CCD 各电极上,使存贮在任一势阱中的电荷运动的前方总是有一个较深的势阱处于等待状态,存贮的电荷就沿势阱从浅到深做定向运动,最后经输出二极管将信号输出。由于各势阱中存贮的电荷依次流出,因此根据输出的先后顺序就可以判别出电荷是从哪个势阱来的,并根据输出电荷量可知该阵元的受光强弱。

4.4　热湿法测量技术

4.4.1　热湿法测量技术

烟气排放连续监测系统(CEMS)中气态污染物的监测传统上采用非分光红外分析仪,它需要一套复杂的样品处理系统,烟气经过滤、冷却除湿后才能送入仪器进行分析。在冷却除湿过程中,气体中的 SO_2 会溶于水生成亚硫酸,对气路设备造成腐蚀(这一点在烟气脱硫装置中尤为显著),同时由于 SO_2 部分溶于水改变了样气组成,会导致测量结果不准确。垃圾焚烧炉烟气中的 HCl、HF 极易溶于水,如果采用冷干法,不但造成严重腐蚀,而且会使测量无法进行。

紫外分光光谱仪采用紫外吸收和光纤传输技术。由于水分在紫外波段基本上没有吸收(水分对紫外光的吸收程度仅是 SO_2 的万分之几),因而紫外分析仪中,水气成分的干扰可以忽略;由于采用光纤传输技术,测量气室可与光谱仪主机分离,可通入高温含水烟气样品进行测量。这种测量方法通常简称为热湿法,其突出优点是:

①整个测量过程中烟气保持在高温状态,无冷凝水产生,SO_2 没有损失,测量准确;

②烟气不需要除水,样品处理系统简化,故障率和维护量降低。

采用热湿法测量技术的分析仪器除了紫外分光光谱仪外,还有傅里叶变换红外光谱仪。

4.4.2 采用热湿法的 CEMS 基本构成

采用热湿法的 CEMS 常有采样式和紧密耦合式两种结构型式。

①采样式:将烟气样品取出后,伴热保温传送至盘装式分析仪进行测量,光谱仪安装在烟囱附近的分析小屋或现场机柜中,如图 4.6 所示。

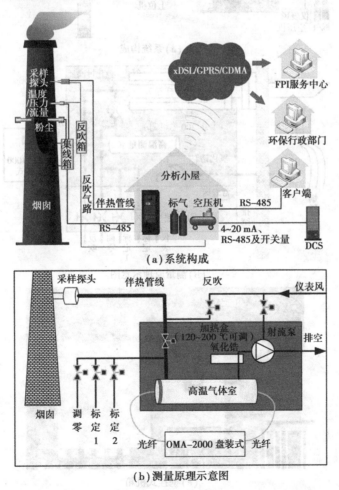

(a)系统构成

(b)测量原理示意图

图 4.6 采用热湿法的采样式系统

②紧密耦合式:将测量气室和采样探头集成在一起,壁挂式分析仪就近安装,整套系统均置于取样点近旁的烟道上,不但无须分析小屋,也无须伴热传输管线,其造价最低,维护量最小,是目前国际上推崇的一种 CEMS 系统结构模式。如图4.7 所示。

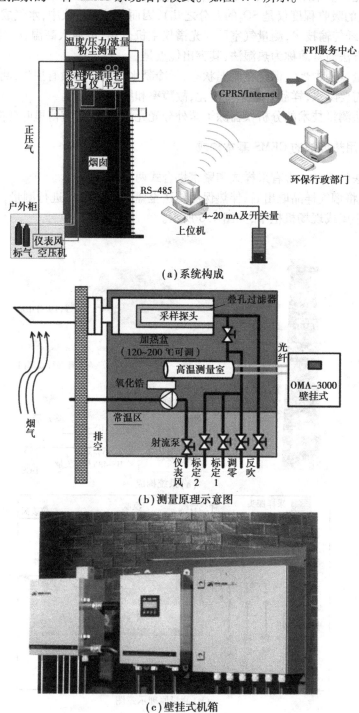

(a) 系统构成

(b) 测量原理示意图

(c) 壁挂式机箱

图4.7　采用热湿法的紧密耦合式系统

图 4.7(c)中左部为一体化探头;中部为光谱仪;右部为电控箱。电控箱负责采集粉尘检测仪和温度、压力、流量变送器的输出信号并为其供电,这些信号通过 RS-485 传送到上位机。

烟尘浓度测量采用激光粉尘检测仪,温度、压力、流量测量分别采用热电偶、压力变送器和皮托管流量计。

思考题

1. 什么是吸收带? 什么是吸收峰?
2. 样品组成对紫外-可见吸收光谱有何影响?
3. 试述双波长紫外分光光度计测量 SO_2 浓度的工作原理。
4. 什么是热湿法测量技术? 其突出优点是什么?
5. 画出采用热湿法的紧密耦合式系统的结构图,并说明其工作过程。
6. 画出采用热湿法的采样式系统的结构图,并说明其工作过程。
7. 在烟气排放监测中,紫外光分析仪为什么可以采用热湿法测量?

5

半导体激光气体分析仪

5.1 半导体激光器和光电探测器

5.1.1 半导体激光器

(1) 半导体激光发射原理

"激光"(LASER)的英文全名是"Light Amplification by Stimulated Emission of Radiation"，意为"受激辐射的光放大"。激光是由激光器产生的，对激光器有不同的分类方法。根据激光输出方式的不同可分为连续激光器和脉冲激光器；按工作介质的不同又可分为固体激光器、气体激光器、液体激光器和半导体激光器。其中，半导体激光器是以半导体材料为工作介质的激光器，其效率高、体积小、质量轻、使用方便且价格相对较低，广泛应用于光纤通信、光盘、激光打印机、激光扫描器、激光指示器等领域。

半导体激光器又称二极管激光器，由 P 型和 N 型半导体材料构成的二极管 P-N 结构成，由注入电流激励。当在 P-N 结上施加正向偏压，电子和空穴分别从 N 型区和 P 型区注入到二极管结区，并在受激辐射效应的作用下，电子和空穴复合并发射出光子。利用半导体晶体的解理面形成两个平行反射镜面作为反射镜，组成谐振腔，使光振荡、反馈，产生光的相长干涉和辐射放大，输出功率倍增的单色光——激光。

激光束的频率 v 取决于半导体材料导带和价带之间的能级差，即禁带宽度 ΔE。如图 5.1 为受激辐射效应及光子频率的决定因素示意图。

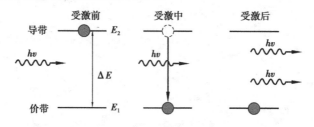

图 5.1 受激辐射效应及光子频率的决定因素示意图

其 ΔE 的计算式为:

$$\Delta E = E_2 - E_1 = h\upsilon \tag{5.1}$$

式中　E_2,E_1——分别表示较高能级和较低能级(跃迁前后的能级)的能量;

　　　υ——光子频率;

　　　h——普朗克常数,4.136×10^{-15} eV·s 。

半导体材料的禁带宽度主要取决于不同的半导体材料,但是半导体能带裁剪技术下 P-N 结参数的变化或者半导体材料配比的小幅调整也能改变禁带宽度,所以通过制备不同的半导体材料可以控制所得半导体激光器的发射波长。

(2)半导体激光器的类型和结构

为了实现半导体激光吸收光谱技术(Diode Laser Absorption Spectroscopy,简称 DLAS 技术),首先要有合适的半导体激光器。绝大多数分子吸收较强的特征主吸收带(基带)落在 3 ~ 25 μm 的中红外光谱范围内。很长时间里,铅盐激光器是唯一能在中红外范围工作的半导体激光器。但是,铅盐激光器需要在液氮温度下才能工作,输出功率较低(100 μW),并且不是单模工作,这些缺点限制了它的广泛使用。

光通信领域大量使用的(1.3 ~ 1.7) μm DFB(Distributed Feedback Laser)激光器具有室温工作、输出功率高、单模工作、光谱线宽窄、工作寿命长(超过 10 年)和价格较低等突出优点,非常适合应用于 DLAS 技术。但是,这一波长范围内的吸收谱线强度一般比基带吸收弱10 ~ 500 倍。尽管可以通过采用一些高灵敏检测技术来尽可能地提高检测灵敏度,基于这一波长范围的 DLAS 技术主要应用于对检测灵敏度要求相对稍低的场合。近年来,基于锑化物的半导体激光器和量子级联半导体激光器(QCL)取得了较大的进展,这些激光器工作于中红外范围,能在室温下单模工作,且工作寿命长。

激光器的各种封装形式中,最简单的就是 TO 封装,图5.2 为 TO 封装激光器示意图。

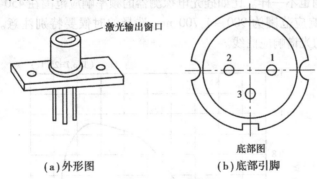

　(a)外形图　　　　　　　　　(b)底部引脚

图 5.2　TO 封装激光器
1—LD 阴极;2—PD 阳极;3—公共脚

蝶型封装和 DIP(双列直插封装)就是进一步将 LD 芯片与热敏电阻、光敏二极管、TEC 等装在一起并且通常带尾纤输出的一种封装形式,如图5.3 和图5.4 所示。

(3)半导体激光器的特点

半导体激光器具有许多独特的优点,特别适合作为光源用于光谱测量分析。

①半导体激光器是由半导体材料(例如砷化镓 GaAs)制成的光电二极管,是一种直接的电子-光子转换器,因而它的转换效率很高。理论上,半导体激光器的内量子效率可接近100%,实际上由于存在非辐射复合损失,其内量子效率要低许多,但仍可以达到70%以上。

②半导体激光器所覆盖的波段范围较广。可以通过选用不同的半导体材料体系或改变多

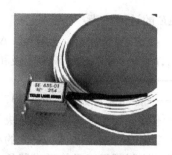

图 5.3 蝶型封装

图 5.4 DIP(双列直插封装)

元化合物半导体各组元的组分,而得到范围很广的激射波长以满足不同的需要。

③半导体激光器使用寿命长,其工作寿命可达 10 年以上。

④具有直接的波长调制能力是半导体激光器有别于其他激光器的一个重要特点。

⑤半导体激光器的体积小、质量轻、价格便宜,这是其他激光器无法比拟的。

5.1.2 半导体探测器

光电探测器是根据量子效应,将接收到的光信号转变成电信号的器件,最常用的是以 P-N 结为基本结构,基于光生伏特效应的 PIN 型光电二极管。这种器件的响应速度快、体积小、价格低,从而得到广泛应用。

当光照射 P-N 结时,若光子能量大于半导体材料禁带宽度,就会激发出光生电子-空穴对,在 P-N 结耗尽区内建电场作用下,空穴移向 P 区,电子移向 N 区,于是 P 区和 N 区之间产生了电压,即光生电动势。这种因光照而产生电动势的现象称光生伏特效应。

光电探测器的光谱特性则取决于半导体材料,由于半导体材料的不同,相应半导体光电探测器的光谱响应范围也不一样。比如硅光电探测器的频率响应范围在 450～1 100 nm,InGaAs 光电探测器的频率响应范围为 900～1 700 nm,选择的时候要特别注意。图 5.5 是典型的 InGaAs光电探测器的光谱响应曲线。

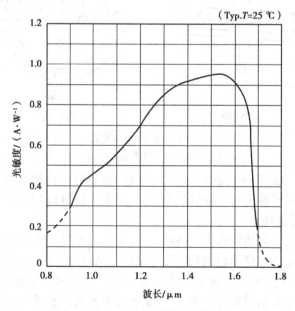

图 5.5 InGaAs 光电探测器的光谱响应曲线

5.2　激光气体分析仪工作原理和特点

半导体激光吸收光谱技术(DLAS)最早于20世纪70年代提出。初期的DLAS技术使用中远红外波长的铅盐激光器,这种激光器以及相应的中远红外光电传感器在当时只能工作在非常低的液氮甚至液氦温度下,从而限制了它在工业过程气体分析领域的应用,只是一种实验室研究用技术。随着半导体激光技术在20世纪80年代的迅速发展,DLAS技术开始被推广应用于大气研究、环境监测、医疗诊断和航空航天等领域。特别是20世纪90年代以来,基于DLAS技术的现场在线分析仪表已逐渐发展成熟,与非色散红外、电化学、色谱等传统工业过程分析仪表相比,具有可以实现现场原位测量、无须采样和样品处理系统、测量准确、响应迅速、维护量小等显著优势,在工业过程分析和污染源监测领域发挥着越来越重要的作用。

为了达到更高的测量精度,更低的探测下限,DLAS技术在持续地发展。为了抑制噪声、提高精度,在调制技术方面从直接吸收光谱技术发展到波长调制光谱技术和频率调制光谱技术等;为了增加光束穿过被测气体的有效光程,降低探测下限,从单倍光程的测量方式发展到利用Herriott腔、White腔等实现多次往返吸收光谱;为了在光谱吸收较强的基带频率进行测量,降低测量下限,波长在中红外和远红外波段的量子级联半导体激光器被应用在各种DLAS技术中;另外也可以与光声检测技术结合产生激光光声光谱技术。

5.2.1　气体吸收光谱原理

(1)朗伯—比尔定律

DLAS技术本质上是一种光谱吸收技术,通过分析激光被气体的选择性吸收来获得气体的浓度。它与传统红外光谱吸收技术的不同之处在于,半导体激光光源的光谱宽度远小于气体吸收谱线的展宽。因此,DLAS技术是一种高分辨率的光谱吸收技术,半导体激光穿过被测气体的光强衰减可用朗伯—比尔定律表述:

$$I_v = I_{v,0}T(v) = I_{v,0}\exp[-S(T)g(v-v_0)pXL] \tag{5.2}$$

$$\approx I_{v,0}[1 - S(T)g(v-v_0)XL] \tag{5.3}$$

式中　$I_{v,0}$和I_v——分别表示频率为v的激光入射时和经过压力p、浓度X和光程L的气体后的光强;

　　　　$S(T)$——气体吸收谱线的强度;

　　　　$g(v-v_0)$线性函数——表征该吸收谱线的形状。

通常情况下,气体的吸收较小时(浓度较低时),可用式(5.3)来近似表达气体的吸收。这些关系式表明气体浓度越高,对光的衰减也越大。因此,可通过测量气体对激光的衰减来测量气体的浓度。

(2)光谱线的线强

气体分子的吸收总是和分子内部从低能态到高能态的能级跃迁相联系的。线强$S(T)$反映了跃迁过程中受激吸收、受激辐射和自发辐射之间强度的净效果,是吸收光谱谱线最基本的属性,由能级间跃迁几率以及处于上下能级的分子数目决定。分子在不同能级之间的分布受

温度的影响,因此光谱线的线强也与温度相关。如果知道参考线强 $S(T_0)$,其他温度下的线强可以由式(5.4)求出:

$$S(T) = S(T_0)\frac{Q(T_0)}{Q(T)}\left(\frac{T_0}{T}\right)\exp\left[-\frac{hcE^n}{k}\left(\frac{1}{T}-\frac{1}{T_0}\right)\right]\times\left[1-\exp\left(\frac{-hcv_0}{kT}\right)\right]\left[1-\exp\left(\frac{-hcv_0}{kT_0}\right)\right]^{-1}$$

$$(5.4)$$

式中　$Q(T)$——分子的配分函数;

　　　h——普朗克常数;

　　　c——光速;

　　　k——波尔兹曼常数;

　　　E^n——下能级能量。

各种气体的吸收谱线的线强 $S(T_0)$ 可以查阅相关的光谱数据库。

5.2.2　调制光谱检测技术

调制光谱检测技术是一种被广泛应用可以获得较高检测灵敏度的 DLAS 技术。它通过快速调制激光频率使其扫过被测气体吸收谱线的一定频率范围,然后采用相敏检测技术测量被气体吸收后透射谱线中的谐波分量来分析气体的吸收情况。调制类方案有外调制和内调制两种,外调制方案通过在半导体激光器外使用电光调制器等来实现激光频率的调制,内调制方案则通过直接改变半导体激光器的注入工作电流来实现激光频率的调制。由于使用的方便性,内调制方案得到更为广泛的应用。下面简单描述其测量原理。

在激光频率 $\bar{v}$ 扫描过气体吸收谱线的同时,以一较高频率正弦工作电流调制激光频率,瞬时激光频率 $v(t)$ 可以表示为:

$$v(t) = \bar{v}(t) + a\cos(\omega t) \tag{5.5}$$

式中　$\bar{v}(t)$——激光频率的低频扫描频率;

　　　a——正弦调制产生的频率变化幅度;

　　　ω——正弦调制频率。

透射光强可以被表达为下述 Fourier 级数的形式:

$$I(\bar{v},t) = \sum_{n=0}^{\infty}H_n(\bar{v})\cos n\omega t \tag{5.6}$$

令 $\theta = \omega t$,则可按式(5.7)获得 n 阶 Fourier 谐波分量:

$$H_n(\bar{v}) = \frac{2}{\pi}\int I_0(\bar{v}+a\cos\theta)\exp\left[-S(T)g(\bar{v}+a\cos\theta-v_0)XL\right]\cos n\theta \mathrm{d}\theta \tag{5.7}$$

每个谐波分量与气体浓度 X 近似成正比,谐波分量 $H_n(\bar{v})$ 可以使用相敏探测器(PSD)来检测。调制光谱技术通过高频调制来显著降低激光器噪声对测量的影响,同时可以通过给 PSD 设置较大的时间常数来获得很窄带宽的带通滤波器,从而有效压缩噪声带宽。因此,调制光谱技术可以获得较好的检测灵敏度。图 5.6 是高分辨率气体"单线吸收光谱"信号波形示意图。

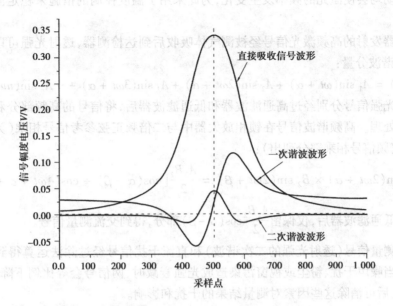

图 5.6　高分辨率气体"单线吸收光谱"信号波形示意图

5.2.3　半导体激光气体分析仪的工作原理

半导体激光气体分析仪原理电路框图如图 5.7 所示,其工作过程简述如下。

①图 5.7 中低频信号发生器发出的锯齿波电流使激光器频率扫描过整条吸收谱线来获得需要的"单线发射光谱"。由于半导体激光器的功率很低,信号弱,很容易淹没在来自电路自身和外部环境的电、光、热噪声中而难以检测,故采用载波技术,将其载带在高频正弦波上来避开这种低频干扰。由高频信号发生器发出的正弦波电流信号和低频锯齿波电流信号在加法器中汇合,产生调制激光器的工作电流,使激光器发出特定频率的激光束。

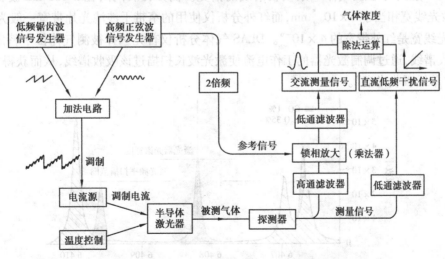

图 5.7　半导体激光气体分析仪的原理电路框图

②半导体激光器发射的激光频率(波长)受工作电流和工作温度二者影响,工作电流或工

作温度的波动均会使激光的频率发生变化,为此采用了温度控制的措施来稳定激光器的工作温度。

③激光器发射的高频激光信号经被测气体吸收后到达检测器,透射光强可以表达为下述 n 阶 Fourier 谐波分量:

$$I(\bar{v},t) = A_1 \sin(\omega t + \alpha) + A_2 \sin(2\omega t + \alpha) + A_3 \sin(3\omega t + \alpha) + \cdots A_n \sin(nwt + \alpha) \quad (5.8)$$

④透射光强信号分别经过高通滤波器和低通滤波器后,将信号的高频部分和低频部分分开分别加以处理。高频谐波信号在锁相放大器中与二倍频正弦参考信号相乘(为了简化表达式,仅将二倍频信号相乘部分列出):

$$A_2 \sin(2\omega t + \alpha) \times B_2 \sin(2\omega t + \beta) = \frac{A_2 B_2}{2}\left[\cos(\alpha - \beta) + \cos(4\omega t + \alpha + \beta)\right] \quad (5.9)$$

再经过低通滤波器后,仅保留 $\frac{A_2 B_2}{2}\cos(\alpha - \beta)$ 部分,得到交流测量信号。

⑤交流测量信号(透射光强的二次谐波)和直流干扰信号经过除法运算得到被测气体的浓度信号。当噪声干扰、粉尘或视窗污染造成光强衰减时,两信号会等比例下降,而比值保持不变,相除之后可消除这些因素对测量结果的干扰和影响。

5.2.4　半导体激光气体分析仪的技术优势

与传统的红外气体分析仪相比,半导体激光气体分析仪的突出优势主要有以下两点。

(1)单线吸收光谱,不易受到背景气体的影响

传统非色散红外光谱吸收技术采用的光源谱带较宽,在近红外波段,其谱宽范围内除了被测气体的吸收谱线外,还有其他背景气体的吸收谱线。因此,光源发出的光除了被待测气体的多条吸收谱线吸收外还被一些背景气体的吸收谱线吸收,从而导致测量误差。

而半导体激光吸收光谱技术中使用的激光谱宽小于 $0.000\ 1$ nm,仅为红外光源谱宽的 $10^{-5} \sim 10^{-6}$,远小于被测气体一条吸收谱线的谱宽。例如,经计算,在 $2\ 000$ nm 波长处,3×10^6 Hz 激光线宽相当于 4×10^{-5} nm,而红外分析仪使用的窄带干涉滤光片带宽一般为 10 nm,所以激光线宽是红外带宽的 4×10^{-6}。DLAS 气体分析仪首先选择被测气体位于特定频率的某一吸收谱线,通过调制激光器的工作电流使激光波长扫描过该吸收谱线,从而获得如图 5.8 所示的"单线吸收光谱"。

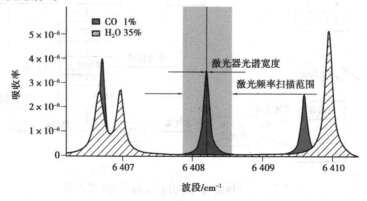

图 5.8　单线吸收光谱测量技术示意图

在选择激光吸收谱线时,应保证在所选吸收谱线频率附近约 10 倍谱线宽度范围内无测量环境中背景气体组分的吸收谱线,从而避免这些背景气体组分对被测气体的交叉吸收干扰,保证测量的准确性(例如,位于 6 408 cm^{-1} 波段处的 CO 吸收谱线附近无 H_2O 吸收谱线,从而测量环境中水分不会对 CO 的测量产生干扰。

(2)粉尘与视窗污染对测量的影响很小

如上所述,当激光传输光路中的粉尘或视窗污染造成光强衰减时,透射光强的二次谐波信号与直流信号会等比例下降,二者相除之后得到的气体浓度信号,可以克服粉尘和视窗污染对测量结果的影响。实验结果表明粉尘和视窗污染导致光透过率下降到 3% 以下时,仪器的噪声才会显著增大,示值误差随之增大。激光气体分析仪广泛用于烟道气的原位分析而无须进行样品除尘、除湿处理正是基于这一优势。

5.3 典型产品及其应用

5.3.1 半导体激光气体分析仪的结构类型

(1)根据传输方式进行分类

根据激光的传输方式,可分为光纤和非光纤两种类型。

①光纤式激光气体分析仪:采用光纤耦合技术将激光器发射的激光经由光纤传输至现场进行测量,可将一束激光分为多束,具有对多个相同测量组分进行分布式测量的能力。

②非光纤式激光气体分析仪:将半导体激光器直接安装在激光发射模块上,让发射出的激光穿过被测环境后被传感模块接收。

(2)根据安装方式进行分类

根据仪器的安装方式,可分为原位式和采样式两种类型。

①原位式激光气体分析仪:将激光发射模块和光电传感模块直接安装过程管道上,无须采样和样品处理,系统直接对管道内被测气体进行分析。这种仪器特别适用于烟道气的分析,广泛用于钢铁、冶金和以煤为主要燃料的发电锅炉、工业炉窑烟气分析上。

②采样式激光气体分析仪:采样式激光气体分析仪是将样气从过程管道中取出,经过处理后送至测量气室,将探测激光射入测量气室实现对被测气体的分析。这种仪器适用于石油化工等高压流程气体和微量组分的分析。

5.3.2 典型产品

目前已经上市的半导体激光气体分析仪产品有杭州聚光公司的 LGA 系列、德国西门子公司的 LDS6、西克麦哈克公司的 GM700、美国 LGR 公司的 ICOS、挪威纳斯克公司的 Laser GasII 系列等。本章以杭州聚光公司的 LGA 系列产品为主进行介绍。

LGA-4100 激光气体分析仪是一种非光纤型采用原位安装的激光气体分析产品,其结构和主要工作原理如图 5.9 所示。

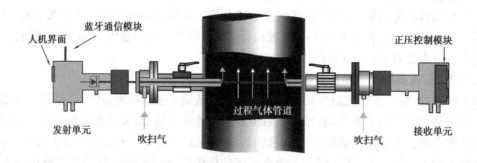

图 5.9 LGA-4100 激光气体分析仪结构及工作原理

LGA-4100 激光气体分析仪主要的功能单元包括有发射单元、接收单元、吹扫单元和连接单元。发射单元由分析控制模块、I/O 模块、人机界面、激光器模块和光学模块（光学视窗和准直透镜）组成，主要负责半导体激光器的驱动、光谱数据分析、人机交互和 I/O 输出。接收单元由光电传感器、信号处理、光学模块（光学视窗和准直透镜）组成，主要负责接收和处理激光信号。

发射和接收单元是分析仪的主要功能单元，其基本工作原理是由发射单元的控制模块对半导体激光器的工作温度和电流进行准确的控制，实现对被测气体吸收谱线的光谱扫描，它将探测激光射入被测环境，与测量气体发生光谱吸收反应，再经接收单元的光电传感器接收，并经过信号处理模块的信号调理、锁相放大之后，将光谱信号送至发射单元进行光谱计算，实现对气体浓度的测量。

为了实现高精度的测量，发射单元的 I/O 模块支持测量气体的温度、压力输入，通过配备相应的温度和压力测量装置，LGA-4100 激光气体分析仪可实时获取被测气体的温度和压力变化，进行光谱分析，实现高精度测量。

发射单元和接收单元通过连接单元安装在现场被测气体管道上，连接单元由仪器法兰、焊接法兰、吹扫内筒和维护阀门组成。焊接法兰和吹扫内筒按一定光学要求焊接在过程管道上，形成测量光路。仪器法兰配合弹性密封件与焊接法兰连接，通过调节密封件的伸缩程度，可实现发射和接收光路的调节。

为了尽量减少用户维护工作量，LGA-4100 激光气体分析仪还配有吹扫单元。通过接入吹扫气体（一般为不含有被测气体的保护性气体，如工业氮气），吹扫单元可对发射和接收单元光学视窗进行连续、稳定的吹扫保护，大大降低光学视窗被污染的可能性，同时由于 LGA-4100 激光气体分析仪具有很强的抗光学污染能力（一般视窗污染不影响测量），可使得 LGA-4100 激光气体分析仪具有维护周期长的特点。

5.3.3 典型应用

（1）炼油厂催化裂化装置再生烟气分析

流化催化裂化（Fluid Catalytic Cracking，FCC）已成为炼油厂核心加工工艺，催化剂再生是流化催化裂化工艺的关键技术之一，其基本原理是将催化裂化反应过程中结焦失活的催化剂与空气进行燃烧反应,实现催化剂的再生。为了对催化剂再生反应效率进行实时控制,优化再生工艺,需要对催化裂化再生烟气中的 O_2、CO 和 CO_2 含量进行在线分析。

FCC 再生烟气的温度高达 650 ℃以上,压力为(0.2~0.4)MPa,烟气中还有许多催化剂颗粒和腐蚀性物质。传统的 FCC 再生烟气测量方法大多采用取样方式,将烟气样品从工艺管道中取出来,经过复杂的样品处理系统,再对 CO、CO_2 和 O_2 进行分析。由于再生烟气中混合有水蒸气、催化剂颗粒和腐蚀性成分,容易产生堵塞和腐蚀,系统维护量大、可靠性差。同时,采样处理过程造成的响应滞后也影响了再生工艺的控制效果。

基于半导体激光光谱吸收技术的再生烟气分析系统,由于无须采样预处理环节,直接安装在再生烟气管道进行原位分析,具有测量准确、响应速度快、可靠性高、无尾气排放等显著优势,为再生烟气分析提供了最佳解决方案。

一般来说,根据用户对再生烟气的监控需求,可选择在再生烟气管道上安装一个或多个激光气体分析系统分别对再生烟气中的一种或多种组分进行检测,如图 5.10 所示。

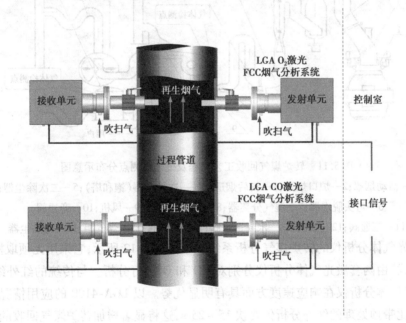

图 5.10　基于 LGA 的再生烟气分析系统

为了适应再生烟气高温、多催化剂颗粒的测量环境,半导体激光再生气体分析系统需要配套相应的吹扫单元对测量装置的光学视窗进行连续吹扫,防止光学视窗的污染,确保系统能够长期、可靠地连续运行。

(2)钢铁厂过程气体分析监控

在钢铁冶炼过程中会伴随产生 O_2、CO、CO_2 CH_4 和 H_2S 等气体,在线检测这些气体的含量对钢铁生产工艺优化、能源气回收和安全控制等具有重要意义。以往主要采用红外线气体分析器和顺磁式氧分析器进行测量,这些仪器都需要配置采样和样品预处理系统,由于被测气体中存在大量粉尘和水分,所以这类分析系统往往存在如下弊病:

①样品系统容易堵塞和损坏,维护工作量大,检修周期短。

②样品处理过程中容易发生气体吸附和泄漏，造成测量结果不准确。

③样品处理过程复杂，导致分析滞后时间较长，难以满足实时控制的要求。

激光气体分析仪给钢铁行业带来了全新的在线检测手段，可大大提高气体实时分析的速度和效能。下面以转炉煤气回收工艺中的气体分析为例加以说明。

在转炉炼钢生产过程中，转炉冶炼产生的烟气通过煤气管道输送至降温、除尘装置，经净化处理后，送入煤气柜储存并提供使用。通过回收和利用转炉煤气（主要是 CO 气体），能够使转炉工序甚至整个炼钢厂实现"负能炼钢"。为了有效、安全的回收煤气，需要实时监测回收工艺中关键位置气体中的 CO 和 O_2 含量，气体检测点如图 5.11 所示，CO 的检测是保证回收到最有价值的煤气，O_2 的检测是避免煤气中的氧气含量过高导致安全事故。

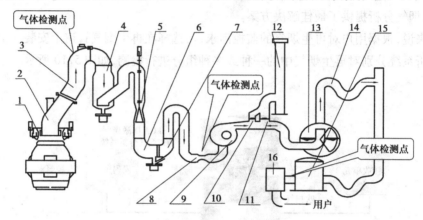

图 5.11　转炉煤气回收工艺流程及气体检测点分布示意图

1—活动烟罩；2—炉口烟道；3—斜后烟道；4——次除尘器（饱和塔）；5—二次除尘器；
6—弯头脱水器；7—湿气分离器；8—烟气流量计；9—风机；10—旁通阀；
11—三通阀；12—烟囱；13—水封逆止阀；14—V 形阀；15—煤气柜；16—电除尘器

基于激光气体分析仪的转炉煤气分析系统一般如图 5.12 所示，它采用无须取样预处理的原位测量方式，由两套激光气体分析仪分别对 CO 和 O_2 进行分析。与传统的红外线气体分析仪相比，激光气体分析仪在响应速度方面具有明显优势。以 LGA-4100 的应用情况为例，其分析响应速度比带预处理的红外分析仪要快 15～25 s，这将显著增加转炉煤气回收的有效时间，将煤气回收的效率提高 3%～5%。同时由于克服了样气中大量烟尘和水分对测量的影响，系统具有很高的连续测量可靠性，能够从分析测量方面保证回收工艺连续运行，显著提高了转炉煤气回收的经济效益。

(3) 烟气排放监测应用

烟气排放连续监测除目前普遍监测的 SO_2、NO_x 组分之外，还要对烟尘颗粒物、NH_3、HCl、HF 等微量组分进行监测。如在排烟过程中，对烟尘颗粒物质量浓度进行监测；在 SCR 脱硝工艺中，对 ppm 级 NH_3 进行监测；在垃圾焚烧过程中，对 ppm 级 HCl 和 HF 进行监测等。

传统上可采用气相色谱仪或傅里叶变换红外分析仪等测量 NH_3、HCl、HF。但这些仪器必须配备采样和样品处理系统，普遍存在样品处理系统复杂、可靠性差、维护量大等缺点。更为重要的是，由于这些微量组分极易溶于水和被管路吸附，在处理过程中容易损失，造成较大测

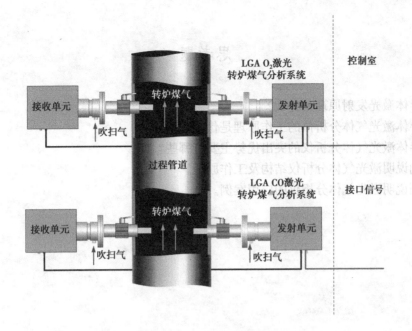

图 5.12　基于 LGA 的转炉煤气分析系统

量误差。

　　以 SCR 脱硝工艺为例,该工艺在排放烟气中加入氨气,利用 NH_3 在催化剂作用下,选择性地与 NO_x 反应生成 N_2 和 H_2O,实现对 NO_x 的脱除。氨逃逸量是衡量 SCR 运行状况的一个重要参数,实际生产中通常是把多于理论需要量的氨喷射入 SCR 系统,通过对脱硝装置出口 NH_3 含量的在线分析,控制 NH_3 的加入量,以平衡 NO_x 的脱除反应,防止过量 NH_3 逃逸造成的二次污染。该工况的特点是烟气中含有大量粉尘(10 g/m³ 以上)和高浓度的水分(超过20%),NH_3 的典型浓度仅为 2 ~ 8 ppm。

　　采用激光气体分析仪的脱硝烟气检测系统如图 5.13 所示,采用无须取样预处理的原位测量方式对烟气进行分析,避免了 NH_3 的溶解、吸附问题,大大提高了测量结果的准确度,为 SCR工艺优化提供了依据。

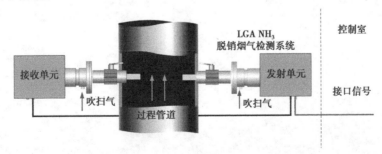

图 5.13　采用激光气体分析仪的脱硝烟气检测系统

思考题

1.半导体激光发射原理是什么？
2.半导体激光气体分析仪的工作原理是什么？
3.半导体激光气体分析仪的突出优势主要有哪些？
4.举例说明激光气体分析仪结构及工作原理。
5.举例说明激光气体分析仪的应用案例。

6

顺磁式氧分析器

顺磁式氧分析器,也称为磁效应式氧分析器、磁式氧分析器、磁氧分析器,是根据氧气的体积磁化率比一般气体高得多,在磁场中具有极高顺磁特性的原理制成的一类测量气体中氧含量的仪器。目前有 3 种类型的顺磁式氧分析器,即热磁对流式、磁力机械式和磁压力式氧分析器。

6.1 物质的磁特性和气体的体积磁化率

6.1.1 物质的磁特性和气体的体积磁化率

任何物质,在外界磁场的作用下,都会被磁化,呈现出一定的磁特性。研究表明,物质在外磁场中被磁化,其本身会产生一个附加磁场,附加磁场与外磁场方向相同时,该物质被外磁场吸引;方向相反时,则被外磁场排斥。为此,我们把会被外磁场吸引的物质称为顺磁性物质,或者说该物质具有顺磁性;而把会被外磁场排斥的物质称为逆磁性物质,或者说该物质具有逆磁性。

气体介质处于磁场中也会被磁化,根据气体的不同也分别表现出顺磁性或逆磁性。如 O_2、NO、NO_2 等是顺磁性气体,H_2、N_2、CO_2、CH_4 等是逆磁性气体。

不同物质受磁化的程度不同,可以用磁化强度 M 来表示:

$$M = k \times H \tag{6.1}$$

式中　M——磁化强度;

　　　H——外磁场强度;

　　　k——物质的体积磁化率。

k 的物理意义是指在单位磁场强度作用下,单位体积物质的磁化强度。磁化率为正($k > 0$)称为顺磁性物质,它们在外磁场中被吸引;$k < 0$ 则称为逆磁性物质,它们在外磁场中被排斥;k 值愈大,则受吸引或排斥的力愈大。

常见气体的体积磁化率见表 6.1。从表中可见,氧气是顺磁性物质,其体积磁化率要比其他气体的体积磁化率大得多。

表 6.1　常见气体的体积磁化率(0 ℃)

气体名称	化学符号	$k/(\times 10^{-6})$ (C.G.S.M)	气体名称	化学符号	$k/(\times 10^{-6})$ (C.G.S.M)
氧气	O_2	+146	氦气	H_e	−0.083
一氧化氮	NO	+53	氢气	H_2	−0.164
空气	—	+30.8	氖气	N_e	−0.32
二氧化氮	NO_2	+9	氮气	N_2	−0.58
氧化亚氮	N_2O	+3	水蒸气	H_2O	−0.58
乙烯	C_2H_4	+3	氯气	Cl_2	−0.6
乙炔	C_2H_2	+1	二氧化碳	CO_2	−0.84
甲烷	CH_4	−1	氨气	NH_3	−0.84

某种气体磁化率和氧气磁化率的比值,称为相对磁化率(也称比磁化率),常见气体的比磁化率见表 6.2,其中氧气的相对磁化率为 100。

表 6.2　常见气体的相对磁化率(0 ℃)

气体名称	相对磁化率	气体名称	相对磁化率	气体名称	相对磁化率
氧	+100	氢	−0.11	二氧化碳	−0.57
一氧化氮	+36.3	氖	−0.22	氨	−0.57
空气	+21.1	氮	−0.40	氩	−0.59
二氧化氮	+6.16	水蒸气	−0.40	甲烷	−0.68
氦	−0.06	氯	−0.41		

需要说明的是,由于采用的参比条件不同(如温度、压力),目前各种书籍和手册中给出的磁化率数据不完全相同,请读者查阅时注意。

6.1.2　混合气体的体积磁化率

对于多组分混合气体来说,它的体积磁化率 k 可以粗略地看成是各组分体积磁化率的算术平均值,即

$$k = \sum_{i=1}^{n} k_i \times c_i \qquad (6.2)$$

式中　k_i——混合气体中第 i 组分的体积磁化率;

　　　c_i——混合气体中第 i 组分的体积分数。

因为在含氧的混合气体中(含有大量 NO 和 NO_2 等氮氧化物的特殊情况除外),除氧气以外其余各组分的体积磁化率都很小,数值上彼此相差不大,且顺磁性气体和逆磁性气体的体积磁化率有互相抵消趋势,这样式(6.2)可以写成:

$$k = k_1 \times c_1 + \sum_{i=2}^{n} k_i \times c_i \approx k_1 \times c_1 \qquad (6.3)$$

式中 k——混合气体的体积磁化率;

k_1——氧的体积磁化率;

c_1——混合气体中氧气的体积分数;

$k_2 \text{、} k_3 \cdots k_i$——混合气体中除氧以外的其余气体的体积磁化率;

$c_2 \text{、} c_3 \cdots c_i$——混合气体中除氧以外的其余气体的体积分数。

式(6.3)说明:混合气体的体积磁化率基本上取决于氧气的体积磁化率及其体积分数。氧气的体积磁化率在一定温度下是已知的固定值,所以只要能测得混合气体的体积磁化率,就可得出混合气体中氧气的体积百分含量了。

6.1.3 气体的磁化率与温度、压力之间的关系

由居里定律可知,顺磁性气体的体积磁化率 k 与温度 T 之间的关系为:

$$k = C \frac{\rho}{T} \tag{6.4}$$

式中 k——气体的体积磁化率;

ρ——气体的密度;

T——气体的热力学温度;

C——居里常数。

根据理想气体状态方程,有:

$$PV = nRT \tag{6.5}$$

而气体的密度:

$$\rho = \frac{nM}{V} \tag{6.6}$$

将式(6.5)代入式(6.6),有:

$$\rho = \frac{PM}{RT} \tag{6.7}$$

将式(6.7)代入式(6.4),有:

$$k = \frac{CPM}{RT^2} \tag{6.8}$$

式中 P——气体的压力;

V——气体的体积;

n——气体的摩尔数;

M——气体的摩尔质量;

R——气体常数。

式(6.8)中,C、M、R 均为常数,于是可以得出以下结论:顺磁性气体的体积磁化率与压力成正比,而与热力学温度的平方成反比。在气体压力增高时,其体积磁化率成正比相应增大;而气体温度升高时,其体积磁化率急剧下降。

6.2 热磁对流式氧分析器

在热磁对流式氧分析器中,检测器内热磁对流的形式有内对流式和外对流式两种,它们的

工作原理均基于热磁对流产生的热效应,检测器的结构各不相同,为了便于区分,分别称为内、外对流式热磁氧分析器。

6.2.1　内对流式热磁氧分析器

(1)热磁对流

如图6.1(a)所示,一个T形薄壁石英管,在其水平方向(X方向)的管道外壁均匀地绕以加热丝;在水平通道的左端拐角处放置一对小磁极,以形成一恒定的外磁场。在这种设置下,磁场强度曲线和温度场曲线如图6.1(b)所示。

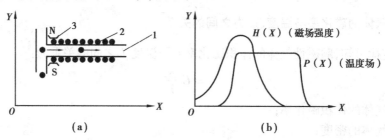

图6.1　热磁对流示意图
1—T形薄壁石英管;2—加热丝;3—磁极

可以看到,磁场强度沿X方向按一定的磁场强度梯度衰减,$H(X)$是变化的。对于水平通道而言,处于一个不均匀磁场之中,通道左端磁场强度最强,越往右磁场强度越弱,而温度场基本上是均匀的。它们之间的相对位置关系应该是:在磁场强度最大值区域开始建立均匀的温度场,这一点正如图6.1(b)所示。

当有顺磁性气体在垂直管道内沿Y方向自下而上运动到水平管道入口时,由于受到磁场的吸引力而进入水平管道。在其处于磁场强度最大区域的同时,也就置身于加热丝的加热区,在加热区,顺磁性气体与加热丝进行热交换而使自身温度升高,其体积磁化率随之急剧下降,受磁场的吸引力也就随之减弱。其后的处于冷态的顺磁性气体,在磁场的作用下被吸引到水平通道磁场强度最大区域,就会对先前已经受热的顺磁性气体产生向右的推力,使其向右运动而脱离磁场强度最大区域。后进入磁场的顺磁性气体同样被热丝加热,体积磁化率下降,又被后面冷态的顺磁性气体向右推出磁场。如此过程连续不断地进行下去,在水平管道就会有气体自左而右地流动,这种气体的流动就称为热磁对流,或称为磁风。

(2)工作原理

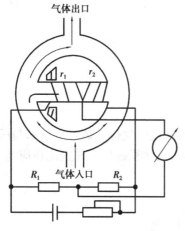

图6.2　内对流式热磁氧分析器的工作原理

内对流式热磁氧分析器的工作原理如图6.2所示。其检测器(也称为发送器)是一个中间有通道的环形气室,外面均匀地绕有电阻丝。电阻丝通过电流后,既起到加热作用,同时又起到测量温度变化的感温作用。电阻丝从中间一分为二,作为两个相邻的桥臂电阻r_1、r_2与固定电阻R_1、R_2组成测量电桥。在中间通道的左端设置一对小磁极,以形成恒定的不均匀磁场。

待测气体从底部入口进入环形气室后,沿两侧流向上端出口。如果被测混合气体中没有顺磁性气体存在,这时中间通道内没有气体流过,电阻丝 r_1、r_2 没有热量损失,电阻丝由于流过恒定电流而保持一定的阻值。当被测气体中含有氧气时,左侧支流中的氧受到磁场吸引而进入中间通道,从而形成热磁对流,然后由通道右侧排出,随右侧支流流向上端出口。环形气室右侧支流中的氧气因远离磁场强度最大区域,受不到磁场的吸引,加之磁风的方向是自左向右的,所以不可能由右端口进入中间通道。

由于热磁对流的结果,左半边电阻丝 r_1 的热量有一部分被气流带走而产生热量损失。流经右半边电阻丝 r_2 的气体已经是受热气体,所以 r_2 没有或略有热量损失。这样就造成电阻丝 r_1 和 r_2 因温度不同而阻值产生差异,从而导致测量电桥失去平衡,有输出信号产生。被测气体中氧含量越高,磁风的流速就越大,r_1 和 r_2 的阻值相差就越大,测量电桥的输出信号就越大。由此可以看出,测量电桥输出信号的大小就反映了被测气体中氧气含量的多少。

(3)环形垂直通道检测器

图 6.3 所示是一种环形垂直通道检测器,它在结构上与图 6.2 所示的环形水平通道检测器完全一样,区别只在于中间通道的空间角度为 90°,也就是把环室依顺时针方向旋转 90°。这样做的目的是提高仪表的测量上限。中间通道成为垂直状态后,在通道中除有自上而下的热磁对流作用力 F_M 外,还有热气体上升而产生的由下而上的自然对流作用力 F_r,两个作用力的方向刚好相反。

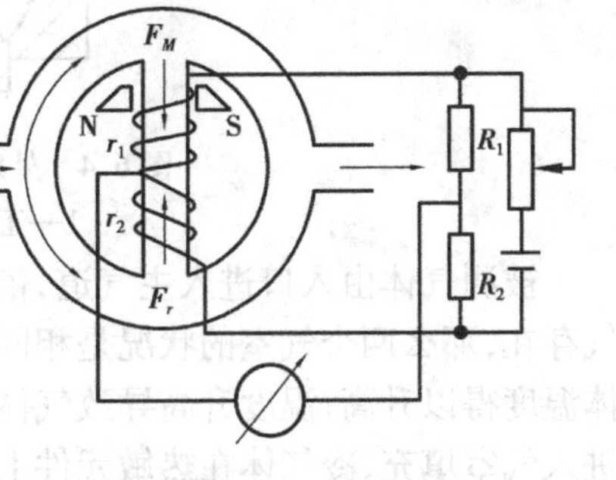

在被测气体中没有氧气存在时,也不存在热

图 6.3 环形垂直通道检测器

磁对流,通道中只有自下而上的自然对流,此上升气流先流经桥臂电阻和 r_2,使 r_2 产生热量损失,而 r_1 没有热量损失。为了使仪表刻度始点为零,此时应将电桥调到平衡,测量电桥输出信号为零。随着被测气体中氧含量的增加,中间通道有自上而下的热磁对流产生,此热磁对流会削弱自然对流。随着热磁对流的逐渐加强,自然对流的作用会越来越小,电阻丝 r_2 的热量损失也越来越小,其阻值逐渐加大,测量电桥失去平衡而有信号输出。氧含量越高,输出信号越大,当氧含量达到某一值时,$F_M = F_r$,热磁对流完全抵消自然对流,此时,中间通道内没有气体流动,检测器的输出特性曲线出现拐点,曲线斜率最大,检测器的灵敏度达到最大值。当氧含量继续增加,$F_M > F_r$,热磁对流大于自然对流,这时,中间通道内的气流方向改为由上而下,之后的情况与水平通道相似。

由此可见,在环形垂直通道检测器的中间通道中,由于自然对流的存在,削弱了热磁对流,以致在氧含量很高的情况下,中间通道内的磁风流速依然不是很大,从而扩展了仪表测量上限值。实验证实,这种环形垂直通道检测器,当氧含量达到 100% 时,仍能保持较高的灵敏度。

环行水平通道和垂直通道检测器在测量范围上的区别如下:

①对于环行水平通道检测器而言,其测量上限不能超过 40% O_2。这是因为,当氧含量增大时磁风增大,水平通道中的气体流速增大,气体来不及与 r_1 进行充分的热交换就已到达 r_2,造成 r_2 的热量损失,随着氧含量的增加,r_1、r_2 的热量损失逐渐接近,两者间电阻的差值越来越小,当氧含量达到 50% 时,发生器的灵敏度已接近零。

②对于环行垂直通道发生器来说,其测量上限可达到 100% O_2。但是在对低氧含量的测量时,其测量灵敏度很低,甚至不能测量。

6.2.2 外对流式热磁氧分析器

(1)工作原理

图6.4是一种外对流式热磁氧分析器的工作原理示意图。分析器由测量气室和参比气室两部分组成,两个气室在结构上完全一样。其中,测量气室的底部装有一对磁极,以形成非均匀磁场,在参比气室中不设置磁场。两个气室的下部都装有既用来加热又用来测量的热敏元件,两热敏元件的结构参数完全相同。

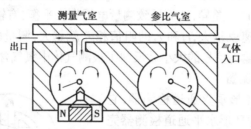

图6.4 外对流式热磁氧分析器工作原理示意图

1—工作热敏元件;2—参比热敏元件

被测气体由入口进入主气道,依靠分子扩散作用进入两个气室。如果被测气体中没有氧气存在,那么两个气室的状况是相同的,扩散进来的气体与热敏元件直接接触进行热交换,气体温度得以升高,温度升高导致气体相对密度下降而向上运动,主气道中较冷的气体向下运动进入气室填充,冷气体在热敏元件上获得能量,温度升高,又向上运动回到主气道,如此循环不断,形成自然对流。由于两个气室的结构参数完全相同,两气室中形成的自然对流的强度也相同,两个热敏元件单位时间的热量损失也相同,其阻值也就相等。

当被测气体中有氧气存在时,主气道中氧分子在流经测量气室上端时,受到磁场吸引进入测量气室并向磁极方向运动。在磁极上方安装有加热元件(热敏元件),因此,在氧分子向磁极靠近的同时,必然要吸收加热元件的热量而使温度升高,导致其体积磁化率下降,受磁场的吸引力减弱,较冷的氧分子不断地被磁场吸引进测量气室,在向磁极方向运动的同时,把先前温度已升高的氧分子挤出测量气室。于是,在测量气室中形成热磁对流。这样,在测量气室中便存在有自然对流和热磁对流两种对流形式,测量气室中的热敏元件的热量损失,是由这两种形式对流共同造成的。而参比气室由于不存在磁场,所以只有自然对流,其热敏元件的热量损失,也只是由自然对流造成的,与被测气体的氧含量无关。显然,由于测量气室和参比气室中的热敏元件散热状况的不同,两个热敏元件的温度出现差别,其阻值也就不再相等,两者阻值相差多少取决于被测气体中氧含量的多少。

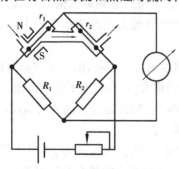

图6.5 双臂单电桥测量原理

若把两个热敏元件置于测量电桥中作为相邻的两个桥臂,如图6.5所示,那么,桥路的输出信号就代表了被测气体中的氧含量。

(2)测量电路

为了更好地补偿由于环境温度变化、电源电压波动、检测器倾斜等因素给测量带来的影响,外对流式检测器一般都采用双电桥结构,其气路连接如图6.6所示。图中4个气室分为两组,分别置于2个电桥中,每组两个气室中各有一个气室底部装有磁极,气室中的热敏元件作为线路中测量电桥和参比电桥的桥臂。测量气室通过被测气体,而参比气室则通过氧含量为定值的参比气,如空气。

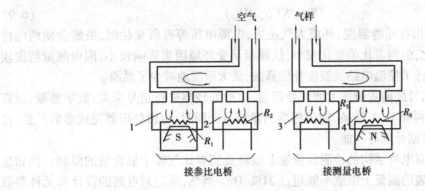

图6.6 外对流式热磁氧分析器气路连接图
1、2—参比电桥分析室;3、4—测量电桥分析室

图6.7是某公司热磁式氧分析器的电路结构图,该仪器采用外对流式分析器和直流双电桥补偿测量系统。工作电桥和参比电桥在结构与性能上完全对称,参比电桥由 R_1、R_2、R_3、R_4 组成,其中 R_3、R_4 为两只固定的锰铜电阻,R_1、R_2 是两个敏感元件。R_1 处于磁场之中,R_2 周围则没有磁场。工作时使空气从 R_1、R_2 周围流过。由于空气中的含氧量为一定值(20.9%),而热磁对流在电桥的输出端 ab 间产生一定值电势 U_{ab}。工作电桥由 R_5、R_6、R_7、R_8 组成,其中 R_7、R_8 为两个固定的锰铜电阻,R_5、R_6 是两个敏感元件。R_6 处于磁场之中,R_5 周围则没有磁场。工作时使被分析混合气体从 R_5、R_6 周围流过。由于热磁对流的结果,电桥输出端 cd 间产生电势 U_{cd}。显然,U_{cd} 的大小与热磁对流的强弱有关,亦即 U_{cd} 的大小随着被分析混合气体中的含氧量(氧浓度)而变化。

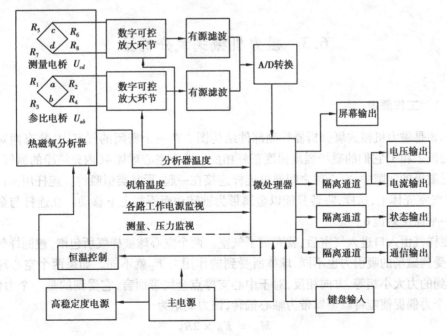

图6.7 热磁式氧分析器电路结构图

进一步分析可知,具有此种双桥电路的仪器的最后指示 X,只取决于工作电桥和参比电桥两输出电压的比值,即

$$X = K(U_{cd}/U_{ab}) \tag{6.9}$$

由式(6.9)可看出在环境温度、环境大气压力,电源电压等有所变化时,虽然会使两电桥的输出电压发生变化,但两者比值变化较小,仪器指示受环境因素影响较小,因而测量精度较高。此外,仪器中设计了控温电路及温度补偿算法,最大限度地减少了温漂。

两电桥的输出信号经前置级放大滤波处理后,由微处理器进行信号采集、数字滤波、运算放大及线性化处理,再经 D/A 转换,输出标准测量信号。同时,由微处理器完成参数设置、自动调整、极限报警、数据处理等功能。

显而易见,这种双电桥结构的检测器测量上限将受到参比气体中氧含量的限制。例如选用空气为参比气,仪表的测量上限就不能超过21% O_2。当然,通过对电路的设计和元件参数的选择,亦可扩大仪表的测量上限。

6.2.3 主要特点

①测量精度较低,一般为 ±1.5% ~ ±2% FS。其原因是测量结果不仅与样气的体积磁化率有关,而且易受背景气组分热导率、密度的影响(O_2 的测量结果不能产生严格的线性输出)。

②价格较低,适用于测量精度要求不高的一般场合。

③如果样气中 H_2(热导率高,传热快)、CO_2(密度大,吸热量大)含量较高且波动较大,则不宜选用。

④一般应选用双电桥外对流式,如果样气中含有腐蚀性组分,则选用内对流式。

⑤测量高浓度 O_2 时,外对流式采用高浓度氧参比气,内对流式选垂直通道检测器。

6.3 磁力机械式氧分析器

6.3.1 工作原理

图6.8是磁力机械式氧分析器检测部件结构图。在一个密闭的气室中,装有两对不均匀磁场的磁极2和3,它们的磁场强度梯度正好相反。两个空心球体4(内充纯净的氮气或氩气)置于两对磁极的间隙中,空心球之间通过连杆连接在一起,形状类似哑铃。连杆用弹性金属带5固定在气室壳体上,这样,哑铃只能以金属带为轴转动而不能上下移动。在连杆与金属带交点处装一平面反射镜6。

被测样气由入口进入气室后,就充满了气室。两个空心球被样气所包围,被测样气的氧含量不同,受到磁场的吸引力也不同,球体所受到的作用力 F_M 就不同。如果两个空心球体积相同,则受到的力大小相等、方向相反,对于中心支撑点金属带而言,它受到的是一个力偶 M_M 的作用,这个力偶促使哑铃以金属带为轴心偏转,该力偶矩为

$$M_M = F_M \times 2R_P \tag{6.10}$$

式中 R_P——球体中心至金属带的垂直距离(哑铃的力臂)。

在哑铃做角位移的同时,金属带会产生一个抵抗哑铃偏转的复位力矩以平衡 M_M,被测样气中的氧含量不同,旋转力矩和复位力矩的平衡位置不同,也就是哑铃的偏转角度 Ψ 不同,这样,哑铃偏转角度 Ψ 的大小,就反映了被测气体中氧含量的多少。

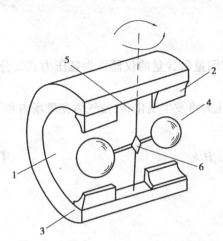

图 6.8 磁力机械式氧分析器检测部件结构图
1—密闭气室;2、3—磁极;4—空心球体;
5—弹性金属带;6—反射镜

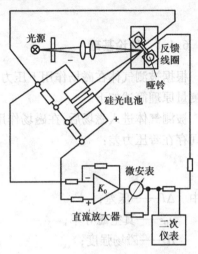

图 6.9 磁力机械式氧分析器原理示意图

对哑铃偏转角度 Ψ 的测量,大多是采用光电系统来完成的,如图 6.9 所示,由光源发出的光投射在平面反射镜上,反射镜再把光束反射到两个光电元件(如硅光电池)上。在被测样气不含氧时,空心球处于磁场的中间位置,此时,平面反射镜将光源发出的光束均衡地反射在两个光电元件上,两个光电元件接收的光能相等,一般两个光电元件采用差动方式连接,因此,光电组件输出为零,仪表最终输出也为零。当被测样气中有氧存在时,氧分子受磁场吸引,沿磁场强度梯度方向形成氧分压差,其大小随氧含量不同而异,该压力差驱动空心球移出磁场中心位置,于是哑铃偏转一个角度,反射镜随之偏转,反射出的光束也随之偏移,这时,两个光电元件接收到的光能量出现差值,光电组件输出毫伏电压信号。被测气体中氧含量越高,光电组件输出信号越大。

6.3.2 主要特点

磁力机械式氧分析器的主要特点有:

①它是对氧的顺磁性直接测量的仪器(热磁式、磁压力式均属间接测量),在测量中,不受被测样气热导率变化、密度变化等因素影响。

②在 0 ~ 100% O_2 测量范围内线性刻度,测量精度高,测量误差可低至 ±0.1% O_2。测量高浓度 O_2 时(如97% ~ 100% O_2),仍可保持高的测量精度。

③与其他顺磁式氧分析器相比,磁力机械式氧分析器测量精度最高,受其他因素干扰最小,性能最为优异,但价格也最高。

因此,对于氧含量的测量来说,如果使用场合重要,精度要求高,应优先选用磁力机械式氧分析器,特别是有氧含量参数的闭环控制、安全连锁、紧急停车系统。

6.4 磁压力式氧分析器

6.4.1 理论基础

根据被测气体在磁场作用下压力的变化量来测量氧含量的仪器称为磁压力式氧分析器。其测量原理简述如下。

被测气体进入磁场后,在磁场作用下气体的压力将发生变化,致使气体在磁场内和无磁场空间存在着压力差:

$$\Delta P = \frac{1}{2}\mu_0 H^2 k \tag{6.11}$$

式中　ΔP——压差;

　　μ_0——真空磁导率;

　　H——磁场强度;

　　k——被测气体的体积磁化率。

由式(6.11)可以看出压差 ΔP 与磁场强度 H 的平方及被测气体的体积磁化率 k 均成正比。在同一磁场中,同时引入两种磁化率不同的气体,那么两种气体同样存在压力差,这个压力差同两种气体磁化率的差值也同样存在正比关系:

$$\Delta P = \frac{1}{2}\mu_0 H^2 (k_m - k_r) \tag{6.12}$$

式中　k_m——被测气体的体积磁化率;

　　k_r——参比气体的体积磁化率。

从式(6.12)可看出,当分析器结构和参比气体确定后,μ_0、H、k_r 均为已知量,k_m 与 ΔP 有着严格的线性关系,由式(6.3)可以得到:

$$k_m \approx k_1 \times c_1 \tag{6.13}$$

式中　k_1——被测混合气体中氧气的体积磁化率;

　　c_1——被测混合气体中氧气的体积分数。

将式(6.13)代入式(6.12)得到:

$$\Delta P = \frac{1}{2}\mu_0 H^2 (k_1 c_1 - k_r) \tag{6.14}$$

由式(6.14)可以看出,被测气体氧的体积分数 c_1 与压差 ΔP 有线性关系。这就是磁压力式分析器的测量原理。

在磁压力式氧分析器中,测量室中被测气体的压力变化量被传递到磁场外部的检测器中转换为电信号。目前使用的检测器主要有薄膜电容检测器和微流量检测器两种(其工作原理参见第3章红外线气体分析器)。为了便于信号的检测和调制放大,采用一定频率的通断电流,对磁铁线圈反复激励,使之产生交替变化的磁场,则检测器测得的信号就变成交流波动信号了。

6.4.2 磁压力式氧分析器工作原理

(1) 工作原理

以某厂生产 CY-101 型磁压力式氧分析器为例,图 6.10(a)、(b)分别是氧分析器结构示意图和测量气室工作原理。

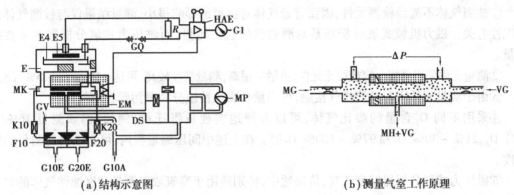

(a)结构示意图 (b)测量气室工作原理

图 6.10 CY-101 型磁压力式氧分析器工作原理图

G10E—参比气入口;G20E—测量气入口;GV—气体分配器;E10、E20—过滤片;K10、K20—毛细管;
MK—测量池;EM—电磁铁线圈;E—接收器;E4—钛膜电极;E5—固定电极;HAE—供电电源和电子电路;
GQ—直流电源;R—高阻;G1—机箱内显示表头;DS—缓冲器;MP—膜片泵;G10A—混合气出口;
ΔP—压差;MG—测量气体;VG—参比气;MG + VG—混合气体

测量气和参比气经仪器入口 G10E 和 G20E 进入气体分配器 GV,由气体分配器内的过滤片 F10 和 F20 进行保护性过滤,极少一部分参比气和测量气分别经由毛细管 K10 和 K20 进入测量池 MK,大部分气体则从仪器出口 G10A 排出机外,这样可使进入测量池的参比气和测量气的压力、流量保持稳定和平衡。

如图 6.10(b)所示,参比气 VG 和测量气 MG 从两个相反的方向进入测量池的磁隙中,在膜片泵 MP 的抽吸作用下,MG + VG 混合气体经测量池底部的中间出口进入缓冲器 DS 中,然后从仪器出口 G10A 排出。

磁隙位于电磁铁线圈 EM 的中间,当 EM 通入 12.5 Hz 的交流电流时,便在磁隙周围产生相同频率的磁场,两种气体通过磁场时,由于氧气的顺磁性而使气体中的氧分压发生变化,而且压力的变化与气体中的氧浓度成严格的线性关系。当测量气和参比气的氧浓度相同时,这两种气体间无压差存在,这就是仪器的零点(参考点)。当二者氧浓度不同时,两种气体间就会产生一压差 ΔP,此压差传递到接收器 E 中的钛膜电极 E4 的两侧,使薄膜电容器的钛膜电极(可动电极)产生偏移,薄膜电容器的电容量发生变化,将压差信号转换成与之成比例的电信号,经电子电路 HAE 放大处理后,在仪器的显示表头 G1 上同时指示出来。

(2) 校准方法和参比气的选择

磁压力式氧分析器的校准方法和一般氧分析器略有不同,零点校准需在测量气体入口通入参比气体(或通入和参比气体组成相同的"零点"气),量程校准则和其他氧分析器相同。

根据测量范围不同,磁压力式氧分析器分别采用 N_2、O_2 和空气作参比气。

①当测量范围为 $0 \sim x\% \ O_2$(测量下限为 $0\% \ O_2$)时,用 N_2 作参比气。

②当测量范围为 $x\%$ ~ 100% O_2（测量上限为 100% O_2）时，用 O_2 作参比气。

③当测量范围在 20.95% O_2 附近时（如 20% ~ 30% O_2），用空气作参比气。

6.4.3 主要特点

磁压力式氧分析器的主要特点有：

①被测气体不流经检测元件，因而背景气体对测量的影响很小，测量结果仅与被测气体的顺磁性有关。磁力机械式氧分析器是对顺磁性的直接测量，而磁压力式氧分析器并非直接测量。

②测量元件采用薄膜电容或微流元件，灵敏度很高，测量精度较高，可达 $\pm1\%$ ~ $\pm1.5\%$ FS。

③由于测量元件不与被测样气接触，可测量含腐蚀性组分和脏污颗粒的气体。

④采用不同 O_2 含量的参比气体，可以方便地实现量程迁移，例如，例如测量 16% ~ 21% O_2、21% ~ 30% O_2 和 97% ~ 100% O_2 等。在上述中间压缩量程内，可有效提高测量的精确度。

⑤磁压力式氧分析器精度较高，价格适中，特别适用于高氧浓度测量和腐蚀性气体的氧含量测量。

6.5 顺磁式氧分析器测量误差分析

本节不讨论由测量原理和仪器自身原因造成的基本误差，仅讨论仪器在使用过程中可能出现的几种附加误差。

（1）气样温度变化引起的误差

理论推导可知，顺磁式氧分析器的示值与气样温度的平方成反比。但在实际使用中，温度变化造成的影响比理论推导更为严重。试验证明，在常温情况下，气样温度每变化 1 ℃，热磁式氧分析器仪器的示值可变化 1% ~ 1.5%。

所以，温度变化是测量中产生误差的重要原因。在顺磁式氧分析器中普遍采取了恒温措施，设置了温控系统，恒温温度一般在 60 ℃ 左右，温控精度在 ±0.1 ℃ 以内。

（2）气样压力变化引起的误差

理论推导可知，顺磁式氧分析器的示值与气样压力成正比。由于气样直接放空，大气压力或放空背压的变化都会使检测器中气样压力随之变化，从而影响到输出示值。

例如，磁力机械式氧分析器排气直接放空，环境大气压力变化将导致测量值出现误差。误差以氧的百分含量表示

$$\Delta O_m = \frac{P_m - P_c}{P_c} \times O_m \tag{6.15}$$

式中　O_m——测量时氧的读数，%；

P_m——测量时的绝对环境压力，单位为千帕（kPa）；

P_c——校准时的绝对环境压力，单位为千帕（kPa）。

为了克服上述因素引起的测量误差，有些高精度的氧分析器中带有压力补偿措施。

放空背压的变化通常发生在分析后气样经火炬放空或多台分析仪集中放空等场合，如放

空背压不稳定或频繁波动,可加装背压调节阀或采取其他稳压措施。

(3)气样流量变化引起的误差

气样流量变化引起的误差较大,当流量波动 ±10% 时,示值误差可达 1% ~ 5%。为了减少这种影响,在热磁式氧分析器的样品处理系统中需设置稳压阀,对于低量程的测量,还需配置稳流阀,有的仪器也采用扩散式结构的检测室来减小流量波动的影响。

对于磁力机械式和磁压力式氧分析器来说,若气样密度和空气相差较大时,需要重新寻找最佳流速,既达到输出响应最大,又使流速在一定范围内变化时,对输出无影响。

(4)气样湿度变化引起的误差

气样应在露点的额定范围以内。在潮湿或干燥情况下测量,会出现示值上的差异(即干湿氧差别)。

如果气样露点低于分析器的额定范围,那么必须对气样除湿。例如,通过取样系统除去样气中 10% 的水蒸气,则氧的示值将为潮湿情况下的 100/90 倍。

一些氧分析器控制测量气室温度在 333.15 ~ 393.15 K(60 ~ 120 ℃)范围内。这就使潮湿气样[例如,气样露点 294.15 K(21 ℃)时含水蒸气约 2.5%]能够可靠地分析。

测量气室控制在 333.15 K(60 ℃)时,潮湿气样通常在露点的额定范围之内。然而,气样的含水量与除水后相比将在测量时产生体积误差。

(5)气样中背景气成分引起的误差

各种顺磁式氧分析器都是对磁化率测量的仪器,像氧化氮等一些强顺磁式气体会对测量带来严重干扰,所以不宜测量含有氧化氮成分的气样,如果氧化氮的含量很少,可设法将其除掉后再进行测量。

样气中含有 NO 时不宜采用顺磁式氧分析器进行测量,但一般工业气体中很少含有 NO,且 NO 很容易与 O_2 化合生成 NO_2,故不致影响测量精度。

此外,一些较强逆磁性气体也会引起不容忽视的测量误差,如氙(Xe)等,若气样中有含量较高的这类气体时,也应予以清除或对测量结果进行修正。

对于热磁式氧分析器而言,其测量原理不仅基于气体的磁效应,还与气体的热效应有关,气体的热导率以及密度等因素都会对热传导带来影响,尤其是热导率最高而密度最小的氢和密度很大的二氧化碳的影响更为显著。例如,H_2 含量增加 0.5% 时,仪器示值将降低 0.1% O_2;CO_2 含量增加 1.5% 时,仪器示值将增加 0.1% O_2。

(6)标准气组成引起的误差

当标准气中的非氧组分与被测样气的背景组分相一致时,可使测量误差减至最小。但这样的标准气来源困难,一般均采用来源方便的 N_2 作零点气,并以 N_2 为底气配制量程气。当被测样气背景组分的体积磁化率与 N_2 的体积磁化率有较大差异时,这样校准的分析器零点和量程点必然存在误差。

(7)采取的措施

下面介绍当零点气引起误差时采取的措施。

以磁压力式氧分析器为例,背景气体对这种氧分析器零点的影响见表 6.3。

表 6.3　背景气体对磁压力式氧分析器零点的影响

背景气体（浓度为100%v/v）	零点偏差（氧气浓度%v/v）	背景气体（浓度为100%v/v）	零点偏差（氧气浓度%v/v）
有机气体		惰性气体	
醋酸 CH_3COOH	-0.64	氩 Ar	-0.25
乙炔 C_2H_2	-0.29	氦 He	$+0.33$
1,2-丁二烯 C_4H_6	-0.65	氪 Kr	-0.55
1,6-丁二烯 C_4H_6	-0.49	氖 Ne	$+0.17$
异丁烷 C_4H_{10}	-1.30	氙 Xe	-1.05
正丁烷 C_4H_{10}	-1.26	无机气体	
正丁烯 C_4H_8	-0.96	氨 NH_3	-0.20
异丁烯 C_4H_8	-1.06	二氧化碳 CO_2	-0.30
环己烷 C_6H_{12}	-1.84	一氧化碳 CO	$+0.07$
二氯二氟甲烷 CCl_2F_2	-1.32	氯气 Cl_2	-0.94
乙烷 C_2H_6	-0.49	氧化亚氮 N_2O	-0.23
乙烯 C_2H_4	-0.22	氢气 H_2	$+0.26$
正庚烷 C_7H_{16}	-2.4	溴化氢 HBr	-0.76
正己烷 C_6H_{14}	-2.02	氯化氢 HCl	-0.35
甲烷 CH_4	-0.18	氟化氢 HF	-0.10
甲醇 CH_3OH	-0.31	碘化氢 HI	-1.19
正辛烷 C_8H_{18}	-2.78	硫化氢 H_2S	-0.44
正戊烷 C_5H_{12}	-1.68	氧气 O_2	$+100$
异戊烷 C_5H_{12}	-1.49	氮气 N_2	0.00
丙烷 C_3H_8	-0.87	二氧化氮 NO_2	$+20.00$
丙烯 C_3H_6	-0.64	一氧化氮 NO	$+42.94$
三氯氟甲烷 CCl_3F	-1.63	二氧化硫 SO_2	-0.20
乙烯基氯 C_2H_3Cl	-0.77	六氟化硫 SF_6	-1.05
乙烯基氟 C_2H_3F	-0.55	水 H_2O	-0.03
1,2-二氯乙烯 $C_2H_2Cl_2$	-1.22		

注意事项：①表 6.3 中的数据是在参比气温度为 60 ℃、压力为 100 kPa 绝压、并以 N_2 作为参比气情况下,测得的各顺磁性或逆磁性气体的零点误差。

②其他温度下的零点偏差的变换：

在其他温度下,表中的零点偏差需要乘以一个温度修正系数(k)：

a. 逆磁性气体：

$$k = \frac{333K}{t(\text{℃}) + 273K} (\text{所有逆磁性气体零点偏差为负值}) \tag{6.16}$$

b. 顺磁性气体：

$$k = \left[\frac{333K}{t(\text{℃}) + 273K}\right]^2 \tag{6.17}$$

实际校准中，可根据表 6.3 对磁压力式氧分析器进行零点迁移，现举例说明如下。

例 6.1　磁氧分析器用 N_2 作为零点气，用 O_2/N_2 作为量程气来校准。当仪器通入 100% CO_2 时，读数显示为 -0.30% O_2，如果测定二氧化碳中的氧含量，那么会存在测量误差，可以用以下两种方法来修正这种误差：

a. 用二氧化碳作为零点气；

b. 用氮气作为零点气，但是设置零点偏移量使它等于背景气零点偏差的负值（即 $+0.30\%$ O_2）。

例 6.2　如果背景气体为混合物，则用各组分不同比例零点误差的总和计算零点偏移。假设氮气为零点气，背景气组成为 12% CO_2、5% CO、5% $n\text{-}C_8H_{18}$、78% N_2，则零点偏移为：

12% CO_2 = $(-0.30) \times 12\%$ = -0.036

5% CO = $0.07 \times 5\%$ = $+0.003\ 5$

5% $n\text{-}C_8H_{18}$ = $(-2.78) \times 5\%$ = -0.139

78% N_2 = $0.00 \times 78\%$ = $+0.00$

总计 = $-0.036 + 0.003\ 5 - 0.139 + 0.00 = -0.171\ 5$

在例 6.2 中，零点迁移到 $+0.17\%$ 处。

参照例 6.1，也可采用实际背景气作为零点气。

例 6.3　现有一台磁压力式氧分析器，测量乙烯中的氧含量，测量范围是 $0 \sim 10\%$ O_2。仪表校准时，零点气采用高纯 N_2，量程气为 10% O_2 + 90% N_2，问此时如何对仪表进行校准和零点迁移？

答：可按以下步骤进行：

a. 用零点气和量程气分别进行零点和量程校准。

b. 查表 6.3，求得乙烯的零点偏差为 -0.22% O_2。

c. 如果仪表示值为氧气的百分含量，即% O_2，则将零点迁移到 0.22% O_2 处。

注意：当氧分析器的测量室和参比气温度不是 60 ℃时，应计算温度修正系数 k，并对表中的零点误差加以修正。

思考题

1. 什么是顺磁性物质？什么是逆磁性物质？

2. 试述热磁式氧分析仪的工作原理。

3. 环行水平通道和垂直通道热磁分析器有什么区别？各运用于何种测量范围？

4. 为了更好地补偿由于环境温度变化、电源压力波动、分析器倾斜等因素给测量带来的影响,外对流式热磁分析器一般都采用双电桥结构,试述其测量过程和工作原理。

5. 试述磁力机械式氧分析仪的结构和工作原理。

6. 试分析图6.10 CY-101型磁压力式氧分析器的工作原理。

7. 现有一台磁压力式氧分析仪,测量乙烯中的氧含量,测量范围是$0 \sim 10\%$ O_2。仪表校准时,零点气采用高纯N_2,量程气为10% $O_2 + 90\%$ N_2,问此时如何对仪表进行零点校准及迁移?

7

电化学式氧分析器

本章所介绍的电化学式氧分析器包括采用固体电解质的氧化锆氧分析器和采用液体电解质的燃料电池式、电解池式氧分析器。

7.1 氧化锆氧分析器的测量原理

要达到锅炉经济燃烧，使热效率高而污染小，必须把空气过剩系数控制在合理的范围内。采用氧化锆氧分析器监测烟气中的氧含量，将空气过剩系数控制在合理的范围之内，可以达到经济燃烧的目的。同时，当锅炉处于经济燃烧状态时，烟气中 SO_2 和 SO_3 含量低，既减少了环境污染又降低了锅炉尾部腐蚀，从而延长了炉龄。

7.1.1 氧化锆的导电机理

电解质溶液靠离子导电，具有离子导电性质的固体物质称为固体电解质。固体电解质是离子晶体结构，靠空穴使离子运动而导电，与 P 型半导体靠空穴导电的机理相似。

纯氧化锆（ZrO_2）不导电，掺杂一定比例的低价金属物作为稳定剂，如氧化钙（CaO）、氧化镁（MgO）、氧化钇（Y_2O_3），就具有高温导电性，成为氧化锆固体电解质。

为什么加入稳定剂后，氧化锆就会具有很高的离子导电性呢？这是因为，掺有少量 CaO 的 ZrO_2 混合物，在结晶过程中，钙离子进入立方晶体中，置换了锆离子。由于锆离子是 +4 价，而钙离子是 +2 价，一个钙离子进入晶体中只带入了一个氧离子，而被置换出来的锆离子带出了两个氧离子，结果，在晶体中便留下了一个氧离子空穴。如图 7.1 所示。

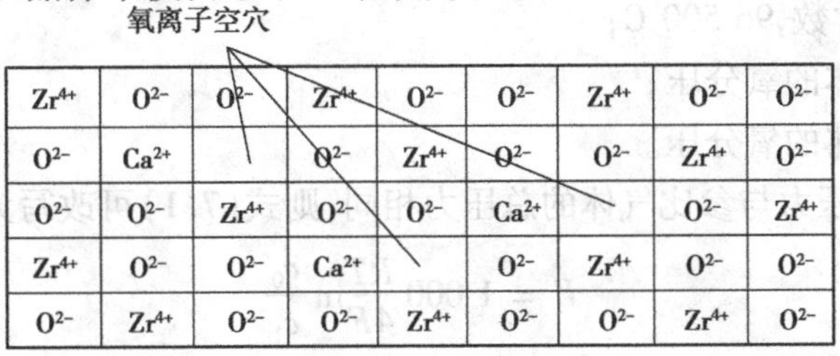

氧离子空穴

Zr^{4+}	O^{2-}	O^{2-}	Zr^{4+}	O^{2-}	O^{2-}	Zr^{4+}	O^{2-}	O^{2-}
O^{2-}	Ca^{2+}		O^{2-}	Zr^{4+}	O^{2-}	O^{2-}	Zr^{4+}	O^{2-}
O^{2-}	O^{2-}	Zr^{4+}	O^{2-}	O^{2-}	Ca^{2+}		O^{2-}	Zr^{4+}
Zr^{4+}	O^{2-}	O^{2-}	Ca^{2+}		O^{2-}	Zr^{4+}	O^{2-}	O^{2-}
O^{2-}	Zr^{4+}	O^{2-}	O^{2-}	Zr^{4+}	O^{2-}	O^{2-}	Zr^{4+}	O^{2-}

图 7.1 氧离子空穴形成示意图

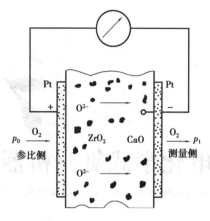

图 7.2　氧浓差电池原理图

7.1.2　氧化锆氧分析器的测量原理

在一片高致密的氧化锆固体电解质的两侧,用烧结的方法制成几微米到几十微米厚的多孔铂层作为电极,再在电极上焊上铂丝作为引线,就构成了氧浓差电池,如图 7.2 所示。如果电池左侧通入参比气体(空气),其氧分压为 p_0;电池右侧通入被测气体,其氧分压为 p_1(未知)。

设 $p_0 > p_1$,在高温下(650 ~ 850 ℃),氧就会从分压大的 p_0 侧向分压小的 p_1 侧扩散,这种扩散,不是氧分子透过氧化锆从 p_0 侧到 p_1 侧,而是氧分子离解成氧离子后通过氧化锆的过程。在 750 ℃ 左右的高温中,在铂电极的催化作用下,在电池的 p_0 侧发生还原反应,一个氧分子从铂电极取得 4 个电子,变成两个氧离子(O^{2-})进入电解质,即

$$O_2(p_0) + 4e \longrightarrow 2O^{2-}$$

p_0 侧的铂电极由于大量给出电子而带正电,成为氧浓差电池的正极或阳极。

这些氧离子进入电解质后,通过晶体中的空穴向前运动到达右侧的铂电极,在电池的 p_1 侧发生氧化反应,氧离子在铂电极上释放电子并结合成氧分子析出,即

$$2O^{2-} \longrightarrow O_2(p_1) + 4e$$

p_1 侧的铂电极由于大量得到电子而带负电,成为氧浓差电池的负极或阴极。

这样在两个电极上由于正负电荷的堆积而形成一个电势,称之为氧浓差电动势。当用导线将两个电极连成电路时,负极上的电子就会通过外电路流到正极,再供给氧分子形成氧离子,电路中就有电流通过。

7.1.3　氧化锆探头的理论电势输出值

氧浓差电动势的大小,与氧化锆固体电解质两侧气体中的氧浓度有关。通过理论分析和实验证实,它们的关系可用能斯特方程式表示。

$$E = 1\ 000\ \frac{RT}{nF}\ln\frac{p_0}{p_1} \tag{7.1}$$

式中　E——氧浓差电动势,mV;

　　　R——气体常数,8.314 5 J/mol·K;

　　　T——氧化锆探头的工作温度,K[K = 273.15 + t(℃)];

　　　n——参加反应的电子数,(对氧而言,n = 4);

　　　F——法拉第常数,96 500 C;

　　　p_0——参比气体的氧分压;

　　　p_1——被测气体的氧分压。

如被测气体的总压力与参比气体的总压力相同,则式(7.1)可改写为

$$E = 1\ 000\ \frac{RT}{4F}\ln\frac{c_0}{c_1} \tag{7.2}$$

式中　c_0——参比气体中氧的体积百分含量,一般用空气作参比气,取 c_0 = 20.6%(干空气氧

含量为20.9%,25 ℃、相对湿度为50%时,氧含量约为20.6%);

c_1——被测气体中氧的体积百分含量,O_2%。

从式(7.2)可以看出,当参比气体中的氧含量 $c_0 = 20.6$% 时,氧浓度差电动势仅是被测气体中氧含量 c_1 和温度 T 的函数。被测气体中的氧含量越小,氧浓差电动势越大。这对测量氧含量低的烟气是有利的。把式(7.2)中的自然对数换为常用对数,得

$$E = 2\ 302.5\ \frac{RT}{4F}\lg\frac{20.6}{c_1} = 0.049\ 6T\lg\frac{20.6}{c_1} = 0.049\ 6(273.15 + t)\lg\frac{20.6}{c_1} \quad (7.3)$$

实际工作中,可按式(7.3)计算氧化锆探头理论电势输出值。

7.2　氧化锆氧分析器的类型和适用场合

根据氧化锆探头结构形式和安装方式的不同,可把氧化锆氧分析器分为直插式和抽吸式两类,就使用数量而言,目前大量使用的是直插式氧化锆氧分析器。

7.2.1　直插式氧化锆氧分析器

将探头直接插入烟道中进行分析,直插式探头有以下两种类型。

(1)中、低温直插式氧化锆探头

中、低温直插式氧化锆探头适用于烟气温度 $0 \sim 650$ ℃(最佳烟气温度 $350 \sim 550$ ℃)的场合,探头中自带加热炉。主要用于火电厂锅炉、$6 \sim 20$ t/h 工业炉等,是目前国内用量最大的一种探头。

(2)高温直插式氧化锆探头

高温直插式氧化锆探头本身不带加热炉,靠高温烟气加热,适用于 $700 \sim 900$ ℃的烟气测量,主要用于电厂、石化厂等高温烟气分析场合。

当燃烧系统不稳定时,这种探头易受烟气温度波动的影响,应用受到一定限制。

7.2.2　抽吸式氧化锆氧分析器

抽吸式氧化锆氧分析器的氧化锆探头安装在烟道壁或炉壁之外,将烟气抽出后再进行分析。它主要用于以下两种场合。

(1)用于烟气温度 $700 \sim 1\ 400$ ℃的场合

例如,钢铁厂的有些加热炉烟气温度高达 $900 \sim 1\ 400$ ℃,这种场合就不能采用直插式探头进行测量,而将高温烟气从炉内引出,散热后温度降低,再流过恒温的氧化锆探头就可以获得满意的结果。

抽吸式氧化锆氧分析器主要适用于烟气温度在 $700 \sim 900$ ℃范围的燃油炉和烟尘含量较小的燃煤炉。需要注意的是,我国电厂的蒸汽锅炉及工业锅炉大部分都是燃煤炉,烟尘量大,采用抽吸式氧化锆氧分析器时,易造成取样管堵塞,维护量较大。这种场合,仍可采用高温直插式氧化锆探头。

(2)用于燃气炉

直插式氧化锆氧分析器可用于燃煤炉、燃油炉,但不适用于燃气炉。这是由于采用天然气

等气体燃料的炉子,烟道气中往往含有少量的可燃性气体,如 H_2、CO、CH_4 等。氧化锆探头的工作温度约为 750 ℃,在高温条件下,由于铂电极的催化作用,烟气中的氧会和这些气体成分发生氧化反应而耗氧,使测得的氧含量偏低。当燃烧不正常烟气中可燃性气体含量较高时,与高温氧化锆探头接触甚至可能发生起火、爆炸等危险。

目前,石化行业的燃气炉已采用抽吸式氧化锆氧分析器取代了顺磁式氧分析器,这种分析器在氧化锆探头之前增加了一个可燃性气体检测探头,可同时测量烟气中的氧含量和可燃性气体的含量。其作用有以下 3 点:

①在可燃气体检测探头上,可燃性气体与氧发生催化反应而消耗掉,从而消除了其对氧化锆探头的干扰和威胁。

②用可燃气体检测结果对氧化锆探头的输出值进行修正和补偿,从而使氧含量的测量结果更为准确。

③根据可燃气体检测结果判断燃烧工况是否正常,以便及时进行调节和控制。

也有在氧化锆探头之前增设两个检测探头的产品,一个是可燃气探头,一个是甲烷气探头,甲烷气探头的作用是更准确地判断天然气的燃烧工况是否正常。

7.3 直插式氧化锆氧分析器

直插式氧化锆氧分析器的突出优点是:结构简单、维护方便、反应速度快和测量范围广,特别是它省去了取样和样品处理环节,从而避免了许多麻烦,因而被广泛应用于各种锅炉和工业炉窑中。

直插式氧化锆氧分析器由氧化锆探头(检测器)和转换器(变送器)两部分组成,两者连接在一起的称为一体式结构,两者分开安装的称为分离式结构。本节介绍常用的分离式氧化锆氧分析器,以横河公司的产品为例,其系统配置如图 7.3 所示。

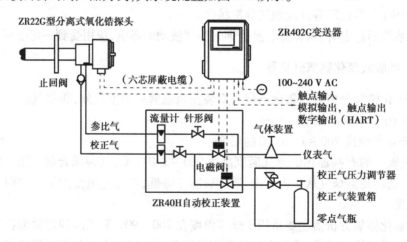

图 7.3 分离式氧化锆氧分析器系统配置图

(1)氧化锆探头

图 7.4 是氧化锆探头的组成示意图,图 7.5 和图 7.6 分别是氧化锆元件的外形结构和工作原理图。

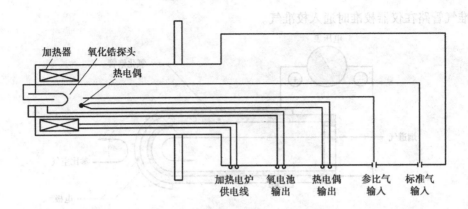

图 7.4　氧化锆探头组成示意图

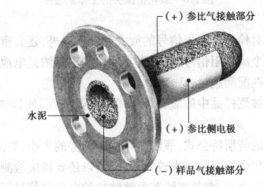

(a)

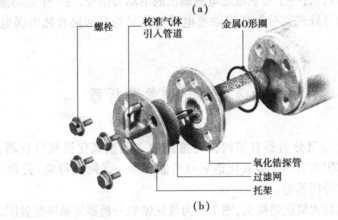

(b)

图 7.5　氧化锆元件的外形结构图

图 7.6 中锆管为试管形,管内侧通被测烟气,管外侧通参比气(空气)。锆管很小,管径一般为 10 mm,壁厚约 1 mm,长度约 160 mm。材料有以下几种:$(ZrO_2)_{0.85}(CaO)_{0.15}$、$(ZrO_2)_{0.90}$ $(MgO)_{0.10}$、$(ZrO_2)_{0.90}(Y_2O_3)_{0.10}$。

内外电极为多孔形铂(Pt),用涂敷和烧结方法制成,长 20 ~ 30 mm,厚度几个到几十个 μm。铂电极引线一般多采用涂层引线,即在涂敷铂电极时将电极延伸一点,然后用 $\phi0.3$ ~ 0.4 mm 的金属丝与涂层连接起来。

热电偶检测氧化锆探头的工作温度,多采用 K 型热电偶。加热电炉用于对探头加热和进行温控。过滤网用于过滤烟尘,也可采用陶瓷过滤器或碳化硅过滤器。参比气管路通参比空气,校准气管路在仪器校准时通入校准气。

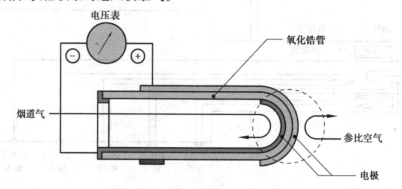

图 7.6 氧化锆探头的工作原理图

(2)转换器

转换器除了要完成对检测器输出信号的放大和转换以外,还要重点解决以下 3 个问题:

①氧浓差电池是一个高内阻信号源,要真实地检测出氧浓差电池输出的电动势信号,首先要解决与信号源的阻抗匹配问题。

②氧浓差电动势与被测样品中的氧含量之间呈对数关系,所以要解决输出信号的非线性问题。

③根据氧浓差电池的能斯特公式,氧浓差电池电动势的大小,取决于温度和固体电解质两侧的氧含量。温度的变化会给测量带来较大误差,所以还要解决检测器的恒温控制问题。

检测器有两个信号输出,一个是氧浓差电池输出的电动势信号,另一个是测温元件热电偶输出的电动势信号。信号处理部分包括氧浓差电动势信号处理回路和热电偶电势信号处理回路。

7.4　抽吸式氧化锆氧分析器

典型的抽吸式氧化锆氧分析器有横河公司推出的 ZS8 型氧化锆氧分析器、Sick-Maihak(西克-麦哈克)公司的 ZIRKOR302 型氧化锆氧分析器、Ametek(阿美特克)公司 WDG-IVC 型烟道气中氧 + 可燃气体分析器等。

图 7.7 为某公司抽吸式氧化锆探头,图 7.8 为氧化锆氧分析器的系统配置图。

图中 *1:电缆导管应使用软管以便检测器移动,信号电缆应使用屏蔽电缆,并将屏蔽层与探头接地点一起接地。*2:检测器材料有:SUS310S 不锈钢和 SiC 两种,可根据测量气体温度进行选择(SUS310S:0 ~ 800 ℃,SiC:800 ~ 1 400 ℃)。检测器的保温可由电加热器或蒸汽加热器提供。对于酸性气体要确保保温温度高于硫酸的露点 160 ℃,因此蒸汽压力要高于800 kPa,若不能提供这样的压力,应采用电加热器。对于不含硫成分的气体,保温温度在130 ℃,蒸汽压力为 200 ~ 300 kPa 就足够了。电加热器加热温度控制在 165 ℃。*3:不能使用 100% 的氮气作零点气;通常使用含 1% 氧气的混合气(氮气作平衡气)。*4:抽吸器的压力设定取决于炉内压力。

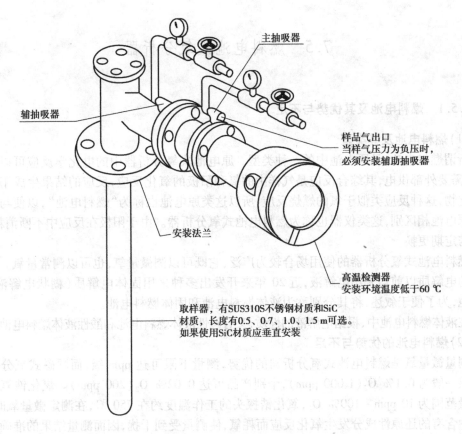

图 7.7 抽吸式氧化锆探头

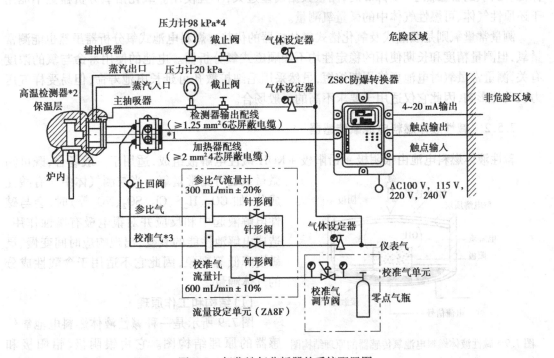

图 7.8 氧化锆氧分析器的系统配置图

7.5 燃料电池式氧分析器

7.5.1 燃料电池及其优势与不足

(1)燃料电池及其类型

所谓燃料电池,是原电池中的一种类型。原电池式氧分析器中的电化学反应可以自发进行,不需要外部供电,其综合反应是气样中的氧和阳极的氧化反应,反应的结果生成阳极材料的氧化物,这种反应类似于氧的燃烧反应,所以这类原电池也称为"燃料电池",以便与其他类型的原电池相区别,这类仪器也称为燃料电池式氧分析器。由于阳极在反应中不断消耗,因而电池需定期更换。

燃料电池式氧分析器的使用场合较为广泛,它既可以测微量氧,也可以测常量氧。燃料电池中的电解质以前均采用电解液,近20年来开发出多种采用固体电解质(糊状电解液)的燃料电池,为了便于叙述,将其分别称为液体燃料电池和固体燃料电池。

在液体燃料电池中,根据电解液的性质,又有碱性液体燃料电池和酸性液体燃料电池之分。

(2)燃料电池的优势与不足

测量微量氧是燃料电池式氧分析器的优势,测量下限可达 ppm 级,而顺磁式氧分析器测量下限一般为 0.1% O_2(1 000 ppm),个别产品可达 0.02% O_2(200 ppm)。氧化锆氧分析器的测量范围为 10 ppm ~ 100% O_2,氧化锆探头的工作温度约在 750 ℃,在测定微量氧时,会和气体中含有的还原性成分发生氧化反应而耗氧,使测量受到干扰,因而测量结果的准确性难以保证。当氧的含量低于 10 ppm 时,测量数据偏差过大,不宜使用。氧化锆氧分析器更不能用于还原性气体、可燃性气体中的微量氧测量。

测量常量氧则是顺磁式及氧化锆式氧分析器的优势。燃料电池式氧分析器虽然也能测常量氧,但测量精度和长期使用的稳定性均不如顺磁式氧分析器。电池的使用寿命与氧的浓度有关,测量常量氧时电池更换周期缩短,虽然采用毛细扩散孔可延长电池寿命,但易受样气压力波动的影响,因此它仅适用于要求不高的一般场合。

7.5.2 碱性液体燃料电池氧传感器

碱性液体燃料电池由银阴极 + 铅阳极 + KOH 碱性电解液组成,适用于一般场合,既可测微量氧也可测常量氧。当被测气体中含有酸性成分(如 CO_2、H_2S、Cl_2、SO_2、NO_x 等)时,会与碱性电解液起中和反应并对银电极有腐蚀作用,造成电解池性能的衰变,出现响应时间变慢、灵敏度降低等现象,因此它不适用于含酸性成分的气体测量。

(1)结构和工作原理

图 7.9 所示是一种碱性液体燃料电池氧传感器的原理结构图。它由银阴极、铅阳极和KOH 碱性电解液组成,图 7.9 中的接触金属片

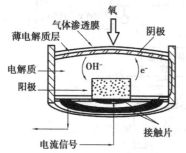

图 7.9 碱性液体燃料电池氧传感器的原理结构图

作为电极引线分别与阴极和阳极相连,电解液通过上表面阴极的众多圆孔外溢形成薄薄的一层电解质,电解质薄层的上面覆盖了一张可以渗透气体的聚四氟乙烯(PTFE)膜。

被测气体经过渗透膜进入薄层电解质,气样中的氧在电池中进行下述电化学反应:

银阴极:$O_2 + 2H_2O + 4e^- \longrightarrow 4OH^-$

铅阳极:$2Pb + 4OH^- \longrightarrow 2PbO + 2H_2O + 4e^-$

电池的综合反应:$O_2 + 2Pb \Longrightarrow 2PbO$

此反应是不可逆的,OH^-离子流产生的电流与气样中氧的浓度成比例。在没有氧存在时不会发生反应,也不会产生电流,传感器具有绝对零点。阳极的铅(Pb)在反应中不断地变成氧化铅,直至铅电极耗尽为止。

(2)特性分析

碱性溶液中氧在银电极还原为OH^-的过程,可用式(7.4)概括地表达为:

$$I = K \times \frac{[O_2]}{[OH^-]} e^{-\frac{3}{2} \cdot \frac{\varphi F}{RT}} \tag{7.4}$$

式中 I——通过原电池电极的电流;

  K——常数;

  $[O_2]$——被测气样中氧的浓度;

  $[OH^-]$——电解液中OH^-的活度(有效浓度);

  e——自然对数的底;

  φ——银电极的极化反应电位;

  F——法拉第常数;

  R——气体常数;

  T——热力学温度。

式(7.4)并不包括碱性原电池的全部反应,但在解释原电池的特性时,可作定性指导,下面从式(7.4)出发,对碱性原电池的主要特性进行讨论。

①线性特性:从图7.10中可以看出,当氧浓度升高时,即出现非线性关系。

②温度特性:原电池的放电电流与热力学温度T呈指数关系,当温度升高时,它的放电电流将显著增加。由此可见,要保证其测量精度,可采用保持恒温或进行温度补偿两种办法,目前的燃料电池中,均装有热敏电阻进行温度补偿。

③KOH溶液对原电池性能的影响:从式(7.4)可以看出,$[OH^-]$与原电池的放电电流I为负指数关系,溶液中OH^-活度的变化会对I造成较大影响,从而对原电池的灵敏度造成影响。

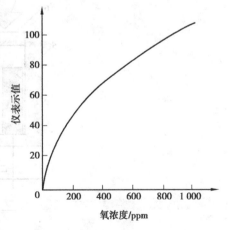

图7.10 氧浓度与输出信号的关系

溶液中OH^-的活度与KOH溶液的浓度有关,并受温度的影响,当溶液的浓度或温度发生变化时,OH^-的活度也将相应发生变化。研究表明,当KOH溶液的浓度在6 mol/L(质量百分浓度26.8%)左右时,电导率有一极大值,亦即该点OH^-的活度有极大值。如使KOH溶液的浓度保持在5.5～6.9 mol/L(质量百分浓度24.8%～30.2%),则由溶液浓度、温度变化而引起的电导率变化最小,亦即该点 OH⁻ 的活度变化最小,对原电池灵敏度的影响也最小,这样就可以改善原电池的稳定性。原电池中 KOH 溶液的配制就是依据上述原理进行的。

④气样流量的影响:气样流量的变化对原电池的放电电流一般无显著影响,因为隔膜式原电池的测量结果直接与被测气体成分的分压有关,当气样中氧的浓度未发生变化时,氧的分压也未发生变化,电极的化学反应也不会发生变化。

(3)使用注意事项

使用碱性液体燃料电池氧传感器的使用注意事项:

①燃料电池的寿命与所测氧的浓度有关,浓度越大阳极消耗越多,电池寿命越短。一旦电池达到寿命,读数锐减至零,此时必须换上备用电池。

②此种分析器日常维护量很小,一般 3 个月用纯氮及量程上限气标定一次,接近电池寿命时多关注读数,检查电池是否耗尽,并及时更换。

③应备用一块燃料电池,当电池失效时使用,但不宜多备。

④燃料电池储存时,放在充氮的保护袋内,并用短路环将端子短路。储存时不应损坏保护袋,只有更换电池时打开保护袋,取下短路环后,要立即将电池装入分析器。

⑤生产装置停工检修、分析仪停用期间,应像零点校验一样给分析仪燃料电池充入氮气并将样气的进、出分析器的两个截止阀关严,否则进入燃料电池的是环境空气,浓度高达20.6%,燃料电池会很快耗尽。

7.5.3 酸性液体燃料电池氧传感器

酸性液体燃料电池由金阴极、铅阳极(或石墨阳极等)和醋酸电解液组成,适用于被测气体中含有酸性成分的场合,例如用于烟道气的分析,但不适用于含碱性成分(如 NH₃ 等)的气体测量。它只能测常量氧,不能用于微量氧测量。图 7.11 是一种酸性液体燃料电池氧传感器的原理结构图。

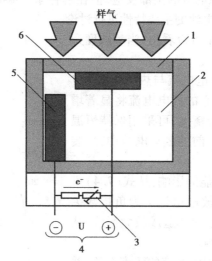

图 7.11　酸性液体燃料电池氧传感器的原理结构图(1)

1—FEP 制成的氧扩散膜;2—电解液(乙酸);3—用于温度补偿的热敏电阻和负载电阻;
4—外电路信号输出;5—石墨阳极;6—金阴极

其阴极是金(Au)电极,阳极是石墨(C)电极,电解液为醋酸(乙酸,CH₃COOH)溶液。该燃料电池可以表示为：

$$阴极\ Au\ |\ CH_3COOH\ |\ C\ 阳极$$

注意，金电极对燃料电池是阴极，发生还原反应，放出电子；但对于外电路来说是正极，获得电子。同样，石墨电极对燃料电池是阳极，发生氧化反应，得到电子；但对于外电路来说是负极，供给电子。

样气中的氧分子通过 FEP（聚全氟乙丙烯）氧扩散膜进入燃料电池，在电极上发生如下电化学反应：

金阴极：$O_2 + 2H_2O + 4e \longrightarrow 4OH^-$

石墨阳极：$C + 4OH^- \longrightarrow CO_2 + 2H_2O + 4e$

电池的综合反应：$O_2 + C =\!=\!= CO_2$

反应产生的电流与氧含量成正比。

燃料电池输出的电流与氧的浓度成正比，此电流信号通过测量电阻和热敏电阻转换为电压信号。温度补偿是由热敏电阻实现的，热敏电阻装在传感器组件里面，监视电池内的温度并改变电阻值。因此，传感器的输出不随温度而变化，只与氧浓度有关。此信号经前置放大器放大后送入微处理器中进行处理，然后以 4~20 mA 电流信号或数字信号的形式输出。

7.5.4 固体燃料电池氧传感器

(1)用于常量氧测量的固体燃料电池

图 7.12 是一种固体燃料电池氧传感器的原理结构图，这种传感器一般用于常量氧的测量。

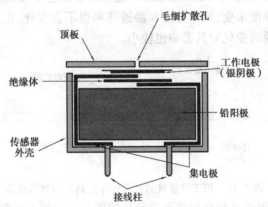

图 7.12 用于常量氧测量的固体燃料电池氧传感器

在传感器顶部有一毛细孔，被测气体进入传感器多少取决于孔隙的大小。当气体中的氧到达工作电极（银阴极）时，立刻被分解成羟基离子：

$$O_2 + 2H_2O + 4e^- \longrightarrow 4OH^-$$

这些羟基离子穿过 KOH 糊状电解质到达铅阳极，发生如下反应：

$$2Pb + 4OH^- \longrightarrow 2PbO + 2H_2O + 4e^-$$

图 7.12 中的集电极收集电流信号，并通过一只外接电阻转换成电压信号（电势差），电池的电势差与气样中的氧含量有关。

这种传感器属于裸露式结构，产生的电流和单位时间内进入传感器的氧量（气样中氧的浓度×进入传感器的气样流量)成比例,当气样的压力突变时(如由抽吸泵引起的压力脉动),进入传感器的流量也会突变,此时传感器将产生瞬间过大(或过小)电流,这种情况如不加以控制,将会造成使用问题,如发出错误报警信号等。

为了克服这种影响,实际使用的传感器在毛细孔的上边加了一片抗大流量透气隔膜,如图7.13所示。此处应当注意,当气样压力变化产生的瞬变力超出这种抗大流量隔膜的允许范围时,如某些抽吸泵造成的压力脉动较大时,应在气路中增设旁路气容分室和阻尼阀等,将传感器面对的压力脉动减到最小。

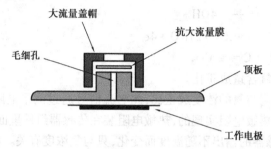

图7.13   常量氧传感器的抗大流量隔膜

(2)用于微量氧测量的固体燃料电池

用于微量氧测量的固体燃料电池氧传感器如图7.14所示,图中电池部分未画出,结构同图7.13。它和常量氧传感器的不同之处是:在传感器的顶部加了一层薄的聚四氟乙烯渗透膜,用一个大面积的孔代替了毛细孔。它产生的电流和气样中氧的分压成比例,对气样流量和压力的波动并不敏感。这是由于,聚四氟乙烯渗透膜的渗透速率和氧的压力梯度有关,当气样流量变化时,只要氧的浓度未变,氧的分压和渗透速率也不会变化,由于聚四氟乙烯渗透膜的阻尼作用,气样压力的瞬时变化对其影响也较小。

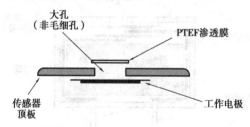

图7.14   用于微量氧测量的固体燃料电池氧传感器

电化学反应引起的铅的氧化作用使得这种传感器有一定使用期限,一旦铅块被完全氧化,传感器将停止工作。其使用寿命通常为1~2年,但可通过增加阳极尺寸或限制接触阳极的氧量来延长其使用寿命。

7.6   电解池式氧分析器

电解池式氧分析器中的电化学反应不能自发进行,需外接电源供给电能,其阳极是非消耗型的,一般不需要更换。它一般用于微量氧的测量,测量下限可达 ppb 级(燃料电池式仅达

ppm 级)。图 7.15 是电解池式氧分析器传感器的结构示意图。

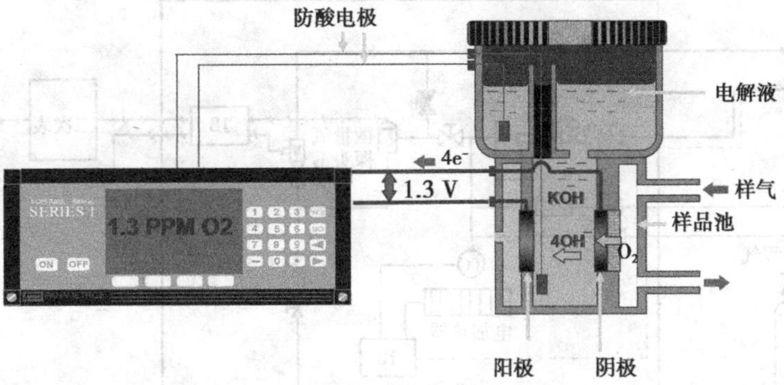

图 7.15　电解池式微量氧传感器结构示意图

微量氧传感器由外电路供电,属于电解池式传感器。与燃料电池(原电池)式氧传感器相比有以下优点:

①阳极是非消耗型的:样品气中的氧通过渗透膜进入阴极,在阴极,O_2 被还原成 OH^-,阴极反应为:

$$O_2 + 2H_2O + 4e \longrightarrow 4OH^-$$

借助于 KOH 溶液,OH^- 迁移到阳极,在阳极发生如下氧化反应:

$$4OH^- \longrightarrow O_2 + 2H_2O + 4e$$

生成的 O_2 排入大气。

由电极反应式可见,阳极未产生消耗,因此,使用中一般无须更换电极和电解池,只要适时补充蒸馏水和电解液即可。从而克服了消耗型燃料电池需定期更换的弱点。

②可克服酸性气体造成的干扰:传感器中有一对 Stab-El 电极,其作用是抵消酸性气体对碱性电解液的中和作用和对银电极的腐蚀作用,在酸性气体产生反应之前,将其从测量敏感区除去,以保证分析器读数的准确可靠。

7.7　微量氧分析器的样品处理和校准方法

7.7.1　样品处理系统

图 7.16 是微量氧分析器样品处理系统的流路图,图中的微量氧传感器探头装在样品处理箱内,用带温控的防爆电加热器加热。箱子安装在取样点近旁,样品取出后由电伴热保温管线送至箱内,经减压稳流后送给探头检测。两个浮子流量计分别用来调节指示旁通流量和分析流量,分析流量计带有电接点输出,当样品流量过低时发出报警信号。图中安全阀的作用是防止样气压力过高对微量氧传感器造成损害,因为微量氧传感器的耐压能力有限,有的产品最高耐压能力仅为 0.035 MPa。

被测气体中不能含有油类组分和固体颗粒物,以免引起渗透膜阻塞和污染。被测气体中也不应含有硫化物、磷化物或酸性气体组分,这些组分会对化学电池特别是碱性电池造成危害。如气样中含有上述物质,应设法在样品处理系统中除去。

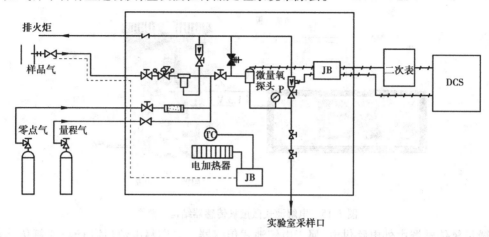

图 7.16　微量氧分析器样品处理系统流路图

样品处理系统中安装配管应注意事项:

①首先应确保气路系统严格密封,管路系统中某个环节哪怕出现微小泄漏,大气环境中的氧也会扩散进来,从而使仪表示值偏高,甚至对测量结果造成很大影响。

②取样管线尽可能短,接头尽可能少,接头及阀门应保证密闭不漏气。待样品管线连接完毕之后,必须做气密性检查。

③为了避免样品系统对微量氧的吸附和解吸效应,样品系统的配管应采用不锈钢管,管线外径以 φ6(1/4 英寸)为宜,管子的内壁应光滑洁净,对于痕量级(<1 ppmV)氧的分析,必须选用内壁抛光的不锈钢管。所选接头、阀门死体积应尽可能小。

④为防止样气中的水分在管壁上冷凝凝结,造成对微量氧的溶解吸收,应根据环境条件对取样管线采取绝热保温或伴热保温措施。

⑤微量氧传感器应安装在样品取出点近旁的保温箱内,不宜安装在距取样点较远的分析小屋内,以免管线加长可能带来的泄漏和吸附隐患。

7.7.2　校准方法

微量氧分析器的校准方法有以下两种:

(1)用瓶装标准气校准

分别用零点气和量程气校准仪器的零点和量程。零点气采用高纯氮,其氧含量应小于 0.5 ppmV。微量氧量程气不能用钢瓶盛装,因为容易发生吸附效应或氧化反应而使其含量发生变化,应采用内壁经过处理的铝合金气瓶盛装,最好现用现配,不宜存放。

(2)用电解配氧法校准

电解配氧法是配制氧量标准气的一种简易和常用的方法,有些电化学氧分析器附带有电解氧配气装置,可方便地对仪器进行校准,此法简单、可靠并具有较高的准确度。

图 7.17 是一种带有电解氧配气装置的微量氧分析器系统框图。当仪器测量时,气样经进口针阀、三通阀直接进入微量氧传感器。当仪器校准时,纯净的气样经三通阀导入脱氧瓶,得到氧浓度极低而稳定的所谓"零点气"。脱氧后的"零点气"以一定的流速通过电解池时,与

电解产生的定量氧配成已知氧浓度的标准气,用以校准仪器的指示值。

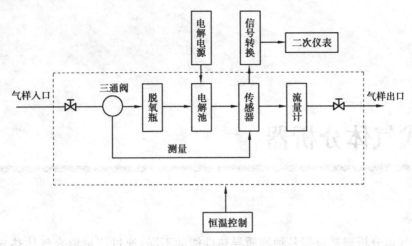

图 7.17 带有电解氧配气装置的微量氧分析器系统框图

思考题

1. 在炉窑烟道上安装氧化锆氧分析仪的作用是什么?

2. 从探头结构形式来划分,目前烟气氧化锆氧分析仪主要有几种? 每种主要适应于哪些炉型?

3. 为什么新装氧化锆探头要至少运行一天以上才能校准?

4. 为什么一般的氧化锆氧分析仪不能用于含有可燃性气体的烟气氧含量分析?

5. 什么情况下使用抽吸式氧化锆氧分析仪? 试画出抽吸式氧化锆氧分析仪检测部分及预处理系统示意图,并加以简要说明。

6. 简述什么是烟道气中氧+可燃气体分析仪? 为什么要分析烟道气中的可燃气体含量?

7. 哪些仪器可以测量气体中的微量氧? 它们各有何特点,适用于何种场合?

8. 什么是燃料电池式氧分析仪? 试述其工作原理。

9. 电化学式微量氧分析仪有哪些结构类型?

10. 微量氧分仪安装配管时应注意哪些问题?

11. 微量氧分析仪的校准方法有哪些?

8

热导式气体分析器

热导式气体分析器是根据各种物质导热性能的不同,通过测量混合气体热导率的变化来分析气体组成的仪器。为更好地掌握热导式气体分析器,本章将首先对气体热导率的相关知识进行介绍,接着将介绍热导式气体分析器的组成、工作原理、使用场合以及测量误差的分析。

8.1 气体的热导率

众所周知,热量传递的基本方式有三种,即热对流、热辐射和热传导。在热导式气体分析器中,充分利用由热传导形成的热量交换,而尽可能抑制热对流、热辐射造成的热量损失。

8.1.1 气体的热导率

热导率表示物质的导热能力,物质传导热量的关系可用傅里叶定律来描述。如图 8.1 所示,在某物质内部存在温差,设温度沿 Ox 方向逐渐降低。在 Ox 方向取两点 a、b,其间距为 Δx。T_a、T_b 分别为 a、b 两点的绝对温度,把沿 Ox 方向的温度的变化率叫作 a 点沿 Ox 方向的温度梯度,在 a、b 之间与 Ox 垂直方向取一个小面积 Δs,通过实验可知,在 Δt 时间内,从高温处 a 点通过小面积 Δs 的传热量,与时间 Δt 和温度梯度 $\Delta T/\Delta x$ 成正比,同时还与物质的性质有关。用方程式表示为:

$$\Delta Q = - \lambda \frac{\Delta T}{\Delta x} \Delta s \Delta t \tag{8.1}$$

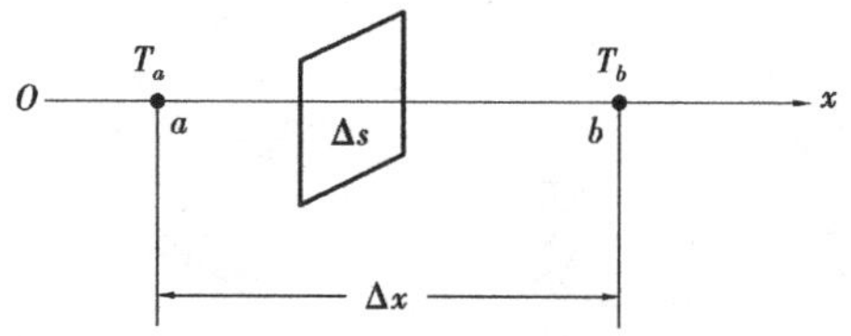

图 8.1　温度场内介质的热传导

式(8.1)表示传热量与有关参数的关系,这个关系被称为傅里叶定律。式中的负号表示热量向着温度降低的方向传递,比例系数 λ 称为传热介质的热导率(也称导热系数)。

热导率是物质的重要物理性质之一,它表征物质传导热量的能力。不同的物质其热导率也不同,而且随其组分、压强、密度、温度和湿度的变化而变化。

由式(8.1)可得

$$\lambda = \frac{\Delta Q}{\frac{\Delta T}{\Delta x} \times \Delta s \times \Delta t} \tag{8.2}$$

如果式(8.2)中 ΔQ、$\frac{\Delta T}{\Delta x}$、$\Delta s$、$\Delta t$ 的单位分别采用 cal、℃/cm、cm^2、s,则 λ 的单位为 cal/(cm·s·℃)。

8.1.2 气体的相对热导率

气体热导率的绝对值很小,而且基本在同一数量级内,彼此相差并不很大,因此工程上通常采用"相对热导率"这一概念。所谓相对热导率(也称相对导热系数),是指各种气体的热导率与相同条件下空气热导率的比值。如果用 λ_0、λ_{40} 分别表示在 0 ℃时某气体和空气的热导率,则 λ_0/λ_{40} 就表示该气体在 0 ℃时的相对热导率,$\lambda_{60}/\lambda_{A60}$ 则表示该气体在 60 ℃时的相对热导率。

8.1.3 气体的热导率与温度、压力之间的关系

气体的热导率又称为导热系数,随温度的变化而变化,其关系式为:

$$\lambda_t = \lambda_0(1 + \beta t) \tag{8.3}$$

式中 λ_t——t ℃ 时气体的热导率;

λ_0——0 ℃ 时气体的热导率;

β——热导率的温度系数;

t——气体的温度,℃。

气体的热导率也随压力的变化而变化,因为气体在不同压力下密度也不同,必然导致热导率不同,不过在常压或压力变化不大时,热导率的变化并不明显,法定计量单位为 W/(m·K)。

8.1.4 混合气体的热导率

混合气体中除待测组分以外的所有组分统称为背景气,背景气中对分析有影响的组分称为干扰组分。

设混合气体中各组分的体积百分含量分别为 c_1、c_2、c_3、$\cdots$、c_n,热导率分别为 λ_1、λ_2、λ_3、$\cdots$、λ_n,待测组分的含量和热导率为 c_1、λ_1。则必须满足以下两个条件,才能用热导式分析器进行测量。

①背景气各组分的热导率必须近似相等或十分接近。即:$\lambda_2 \approx \lambda_3 \approx \cdots\cdots \approx \lambda_n$。

②待测组分的热导率与背景气组分的热导率有明显差异,而且差异越大越好,即:$\lambda_1 \gg \lambda_2$ 或 $\lambda_1 \ll \lambda_2$。

满足上述两个条件时:

$$\lambda = \sum_{i=1}^{n}(\lambda_i \times c_i) = \lambda_1 \times c_1 + \lambda_2 \times c_2 + \cdots\cdots + \lambda_n \times c_n \approx \lambda_1 \times c_1 + \lambda_2(1 - c_1) \quad (8.4)$$

可得:

$$c_1 = \frac{\lambda - \lambda_2}{\lambda_1 - \lambda_2} \quad (8.5)$$

式中　λ——混合气体的热导率;

　　　λ_i——混合气体中第 i 种组分的热导率;

　　　c_i——混合气体中第 i 种组分的体积百分含量。

式(8.5)说明,测得混合气体的热导率 λ,就可以求得待测组分的含量 c_1。

8.2　仪器组成和工作原理

热导式气体分析器的组成可划分为热导检测器和电路两大部分。热导检测器由热导池和测量电桥构成,热导池作为测量电桥的桥臂连接在桥路中,所以二者是密不可分的。电路部分包括稳压电源、控制器、信号调理电路和输出电路等。

8.2.1　热导池的工作原理

由于气体的热导率很小,它的变化量则更小,所以很难用直接的方法准确测量出来。热导池采用间接的方法,把混合气体热导率的变化转化为热敏元件电阻值的变化,而电阻值的变化是比较容易精确测量出来的。

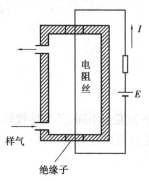

图 8.2　热导池工作原理示意图

图 8.2 为热导池工作原理示意图,把一根电阻率较大的而且温度系数也较大的电阻丝,张紧悬吊在一个导热性能良好的圆筒形金属壳体的中心,在壳体的两端有气体的进出口,圆筒内充满待测气体,电阻丝上通以恒定的电流加热。

由于电阻丝通过的电流是恒定的,电阻上单位时间内所产生的热量也是定值。当待测样品气体以缓慢的速度通过池室时,电阻丝上的热量将会由气体以热传导的方式传给池壁。当气体的传热速率与电流在电阻丝上的发热率相等时(这种状态称为热平衡),电阻丝的温度就会稳定在某一个数值上,这个平衡温度决定了电阻丝的阻值。如果混合气体中待测组分的浓度发生变化,混合气体的热导率也随之变化,气体的导热速率和电阻丝的平衡温度也将随之变化,最终导致电阻丝的阻值产生相应变化,从而实现了气体热导率与电阻丝阻值之间变化量的转换。

电阻丝通常称为热丝,热丝的阻值与混合气体热导率之间的关系由式(8.6)给出。

$$R_n = R_0(1 + \alpha \times t_c) + K \times \frac{I^2}{\lambda} \times R_0^2 \times \alpha \quad (8.6)$$

式中　R_n、R_0——热丝在 t_n ℃(热平衡时热丝温度)和 0 ℃时的电阻值;

　　　α——热丝的电阻温度系数;

t_c——热导池气室壁温度；

I——流过热丝的电流；

λ——混合气体的热导率(导热系数)；

K——仪表常数,它是与热导池结构有关的一个常数。

式(8.6)表明,当K、t_c、I恒定时,R_n与λ为单值函数关系。

热丝材料多用铂丝(或铂铱丝),铂丝抗腐蚀能力较强,电阻温度系数较大,而且稳定性高。铂丝可以裸露,与样气直接接触,以提高分析的响应速度。但铂丝在还原性气体中容易被侵蚀而变质,引起阻值的变化,在某些情况下还会起催化剂的作用,为此通常用玻璃膜覆盖在铂丝表面。覆盖玻璃膜的热敏元件具有强抗蚀性(可测氯气中的氢)和便于清洗的优点,但由于玻璃膜的存在,使气体与铂丝之间达到热平衡的时间延迟了,所以其动态特性稍差。

制造热导池体的材料多采用铜。为防止气体的腐蚀作用,可在热导池的内壁和气路内镀一层金或镍,也可以用不锈钢来制作。

8.2.2 热导池的结构形式

热导池的结构形式有直通式、对流式、扩散式、对流扩散式等多种,如图8.3所示。

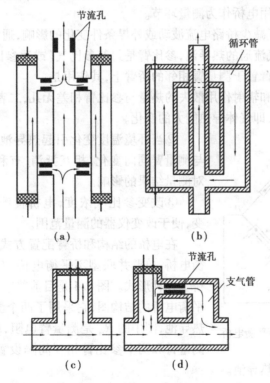

图8.3 热导池的结构形式

(a)直通式(双臂);(b)对流式(单臂);(c)扩散式(单臂);(d)对流扩散式(单臂)

①直通式:测量室与主气路并列,把主气路的气体分流一部分到测量室。这种结构反应速度快、滞后小,但容易受气体流量波动的影响。

②对流式:测量室与主气路进口并联相通,一小部分待测气体进入测量室(循环管)。气体在循环管内受热后造成热对流,推动气体按箭头方向从循环管下部回到主气路。优点是气

体流量波动对测量影响不大，但它的反应速度慢，滞后大。

③扩散式：在主气路上部设置测量室，待测气体经扩散作用进入测量室。这种结构的优点受气体流量波动影响小，适合于容易扩散的质量较轻的气体，但对扩散系数较小的气体滞后较大。

④对流扩散式：在扩散式的基础上加支管形成分流，以减少滞后。当样气从主气路中流过时，一部分气体以扩散方式进入测量室中，被电阻丝加热，形成上升的气流。由于节流孔的限制，仅有一部分气流经过节流孔进入支管中，被冷却后向下方移动，最后排入主气路中。气体流过热导池的动力既有对流作用，也有扩散作用，故称为对流扩散式。这种结构既不会产生气体倒流现象，也避免了气体在扩散室内的囤积，从而保证样气有一定的流速。这种热导池对样气的压力、流量变化不敏感，而且滞后时间比扩散式要短。由于具有上述优点，对流扩散式热导池得到广泛应用。

8.2.3 测量电桥

从上面的介绍可知，热导池的作用是把混合气体中待测组分浓度的变化转换成电阻丝阻值的变化，应用电桥测量电阻十分方便，而且灵敏度和精度都比较高，所以各种型号的热导式气体分析器中几乎都采用电桥作为测量环节。

在测量电桥中，为了减少桥路电流波动或外界条件变化的影响，通常设置有测量桥臂和参比桥臂，测量臂是样品气流通的热导池，参比臂是封装参比气（或通参比气）的热导池，二者结构尺寸完全相同。参比臂置于测量臂相邻的桥臂上，其作用是：

①测量臂通过对流和辐射作用散失的热量与参比臂相差无几，二者相互抵消，则热丝阻值变化主要取决于热传导，即气体导热能力的变化。

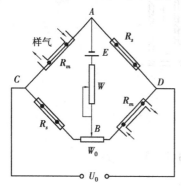

图 8.4　双臂串并联型不平衡电桥

②当环境温度变化引起热导池臂温度变化时，参比臂与测量臂同向变化，相互抵消，有利于削弱环境温度变化对测量结果的影响。

③改变参比气浓度，电桥检测的下限浓度也随之改变，便于改变仪器的测量范围。

在电桥的结构和桥臂配置方式上，有单臂串联型不平衡电桥、单臂并联型不平衡电桥、双臂串并联型不平衡电桥等几种形式。图 8.4 是目前普遍采用的双臂串并联型不平衡电桥的结构图，它采用了两个测量热导池和两个参比热导池，图中的 R_m 是测量臂电阻，R_s 是参比臂电阻，两个测量臂和两个参比臂相互间隔设置，形成双臂串联结构，样气依次串联流经两个热导池。

初始状态下电桥的输出为：

$$U_0 = \frac{R_m}{R_m + R_s} U_{AB} - \frac{R_s}{R_m + R_s} U_{AB} = \frac{R_m - R_s}{R_m + R_s} U_{AB} \tag{8.7}$$

当测量臂电阻变化为 ΔR_m 时，电桥输出电压的变化 ΔU_0 为：

$$\Delta U_0 = \frac{(R_m + \Delta R_m) - R_s}{(R_m + \Delta R_m) + R_s} U_{AB} - \frac{R_m - R_s}{R_m + R_s} U_{AB} = \left(\frac{R_m + \Delta R_m - R_s}{R_m + \Delta R_m + R_s} - \frac{R_m - R_s}{R_m + R_s} \right) U_{AB} \tag{8.8}$$

因为 $R_m \gg \Delta R_m$，故分母中 ΔR_m 项可以忽略，此时

$$\Delta U_0 = \frac{R_m + \Delta R_m - R_s - R_m + R_s}{R_m + R_s} U_{AB} = \frac{\Delta R_m}{R_m + R_s} U_{AB} \tag{8.9}$$

设电桥为等臂电桥，即 $R_m = R_s = R$，则

$$\Delta U_0 = \frac{\Delta R_m}{2R} U_{AB} \tag{8.10}$$

式(8.10)是 ΔR_m 与 ΔU_0 之间的关系式，也是这种电桥的测量灵敏度表达式，与同一结构的单臂电桥相比，其测量灵敏度提高了一倍。

图8.5是双臂串并联型不平衡电桥中使用的一种组合式热导池，有两个测量热导池和两个参比热导池，其引线分别接入测量电桥的四个臂中，每个热导池均采用对流扩散式结构。

四个热导池用一块导热性能良好的金属材料制成一个整体，这样一来，测量池和参比池的池壁温度就会处在同一温度下，而且当环境温度变化时，对四个池壁的影响也是等同的，从而使测量误差减少。在测量精度高要求的场合，可采用恒温控制装置，使整个热导池的池体温度保持恒定。

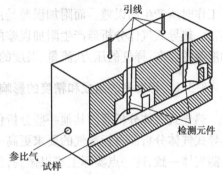

图8.5 组合式热导池结构示意图

8.2.4 适用场合

热导式气体分析器是测量(热导率相差甚大的)两种混合气体中某一组分的有效方法。主要用于测量 H_2，也常用于测量 CO_2、SO_2、Ar 的含量。使用范围较为广泛，下面列举部分典型的应用场合。

①氨厂合成气中 H_2 含量测量。

②加氢装置中 H_2 纯度测量。

③炉窑燃烧烟道气中 CO_2 含量测量。

④硫酸及磷肥生产流程中 SO_2 含量测量。

⑤空气分离装置中 Ar 含量测量。

⑥电解水制氢、氧过程中纯 H_2 中 O_2 和纯 O_2 中 H_2 的测量。

⑦氯气生产流程中 Cl_2 中 H_2 的测量。

⑧碳氢化合物气体中 H_2 含量测量。

⑨氢冷发电机组中 H_2、CO_2 含量的监测。

⑩纯气体生产中的监测，如 N_2 中的 He、O_2 中的 Ar 等。

8.3 测量误差分析

热导式气体分析器是一种选择性较差的分析仪器，尽管在仪器的设计及制造中采取了种种措施，又规定了使用条件，在一定程度上抑制或削弱了某些干扰因素的影响，但其基本误差

一般都在 ±2% 左右。究其原因,主要是由于背景气组分对分析结果的影响。

工业气相色谱仪的热导检测器和热导式气体分析器的检测器完全相同,但测量精度远高于后者,其原因是被测样品通过色谱柱分离后,进入热导池的仅是单一组分和载气的二元混合气体,而在热导式气体分析器中就难以做到这一点,背景气体往往是多元气体的混合物,它们对样气的导热性能会产生不同程度的影响,当背景气的组成变动时,其影响就更大。

热导式气体分析器的测量误差由基本误差和附加误差两部分组成,基本误差是由其测量原理、结构特点、各环节的信号转换精度及显示仪表精度等条件决定的。即分析器在规定条件下工作时所产生的误差。而附加误差是由于对仪器的调整、使用不当或外界条件变化带来的误差。热导式气体分析器产生附加误差的主要因素是:标准气的组成和精度;干扰组分、灰尘和液滴的存在;样气的压力、流量、温度的变化;电桥工作电流的变化等。

8.3.1　标准气的组成和精度的影响

热导式气体分析器同其他一些分析仪器一样,需要定期用标准气进行校准,不同之处是,热导式气体分析器对标准气的要求更高一些。原则上说,标准气中背景气的组成和含量应和被测气体一致,这一点实际上难以做到,但应保证标准气中背景气的热导率与被测气体背景气的热导率相一致,否则要对校准结果进行修正。此外,要保证标准气的准精确度,其误差不得大于仪器基本误差的一半。

8.3.2　样气中存在干扰组分时的影响

样气中存在干扰组分是产生附加误差的重要因素。例如用热导式氢分析器测量合成气中 H_2 含量时,合成气中的 CO_2 就是干扰组分。

在热导式气体分析器中,流经热导池的样品气体与热丝(电阻丝)之间的热量交换方式,除了热传导之外,还有热对流和热辐射。虽然 CO_2 的热导率仅为 H_2 的 1/6(60 ℃下),在热传导方面 CO_2 与 H_2 相比作用较小,但 CO_2 的密度却是 H_2 的 22 倍,在对流传热方面对 H_2 测量的影响却很大。

热传导是静止物质的一种传热方式,传导热量时物质的质点没有发生宏观位移,而是自由电子的运动或个别分子的动量传递所致。而热对流是指流体中质点发生相对位移而引起的热交换,在热导池中,同时存在样气自然对流和强制对流引起的热交换。

在对流传热中,样气的吸热量可由式(8.11)表示:

$$Q = Wc_p(T_1 - T_2) = \frac{\rho V}{h}c_p\Delta T \tag{8.11}$$

式中　Q——样气通过热导池时吸收的热量;

　　　W——样气的质量流量;

　　　c_p——样气的平均定压比热容;

　　　T_1、T_2、ΔT——分别为热丝、样气的热力学温度及其温度差;

　　　ρ——样气的平均密度;

　　　V/h——样气的体积流量。

由式(8.11)可见,Q 与样气的密度 ρ 成正比,由于 CO_2 的密度大,吸收的热量多,必然会对热丝的温度造成影响。

因而,了解背景气中存在的干扰组分及其对测量的影响是非常必要的,表8.1给出了被测气体中含有6%干扰组分时对氢含量测量零点的影响。

表8.1 被测气体中含有干扰组分时对氢含量测量零点的影响

背景气中含6%以下组分时	对零点的影响(以%H_2计)
Ar	−1.28%
CH_4	+1.59%
C_2H_6(非线性响应)	−0.06%
C_3H_8	−0.80%
CO	−0.11%
CO_2	−1.07%
He	+6.51%
N_2O	+1.08%
NH_3(非线性响应)	+0.71%
O_2	−0.18%
SF_6	−2.47%
SO_2	−1.34%
Air(干)	+0.25%

当干扰气体浓度不是6%时,使用表8.1中的数据依然可以得到近似的结果。即使干扰气体浓度高达25%,该表数据依然有效。实际工作中,可参考表8.1来修正干扰气体对测量结果的影响。当干扰组分含量很少时,也可以采用一定的装置或化学试剂将干扰组分滤除掉。

8.3.3 样气中存在液滴和灰尘的影响

样气中若含有液滴,在热导池内蒸发将吸收大量的热,对分析的影响很大。因此,要求样气的露点至少低于环境温度5 ℃,否则要采取除湿排液措施。

样气中若含有灰尘或油污,通过热导池时不仅玷污了电阻丝表面,也玷污了池壁,从而改变了热导池的传热条件,也改变了仪器的特性。所以,样气进入仪器之前应充分过滤除尘。

8.3.4 样气流量、压力、温度变化的影响

不同类型的热导池对样气的压力和流量的稳定性要求不同。样气压力和流量的变化对于直通型、对流型及对流扩散型热导池的分析器都有不同程度的影响。流量变化时,气体从热导池内带走的热量要发生变化,气体压力变化也会使气体带走的热量不稳定,而且使对流传热不稳定,引起分析误差。

样气温度变化对热导池的影响是显而易见的,经粗略计算,采用无温控装置的测量电桥分析CO_2时,其含量每变化2%,仪表指示值将产生5%左右的相对误差。所以,热导式气体分析仪器中均配有温控系统,恒温温度一般在55 ~ 60 ℃,温控精度均达到±0.1 ℃以上,有的可达±0.03 ℃。恒温装置有一定的功率限制,当环境温度过高或过低,超过仪器规定的使用条件

时,恒温系统就会失去作用而引入附加误差。所以,热导式气体分析器的检测器一般都安装在环境温度变化不太大的分析小屋内。

8.3.5　电桥工作电源稳定性的影响

不平衡电桥的电源电压是否稳定对分析准确性影响甚大。一般来说,如要求分析精度达到 $\pm 1\%$,则电桥桥流的稳定性必须保持在 $\pm 0.1\%$ 左右,所以,几乎所有的热导式分析器的电桥都采用稳定性很高的稳流(或稳压)电源。

思考题

1. 热量的传递方式有哪几种?
2. 什么是背景气? 什么是干扰组分?
3. 待测混合气体必须满足哪些条件,才能用热导式分析仪进行分析?
4. 已知合成氨生产中,进入合成塔原料气的组成及大致浓度范围如表 8.2 所示。

表 8.2　合成塔原料气的组成及浓度范围

组　分	浓度范围/%	组　分	浓度范围/%
H_2	70 ~ 74	CH_4	0.8
N_2	23 ~ 24	Ar	0.2
O_2	<0.5	CO、CO_2	微量

欲分析该混合气体中 H_2 的浓度,试判断可否使用热导式气体分析仪?

5. 已知 N_2、O_2、CO、H_2 在 $0℃$ 时导热系数分别为 5.81、5.89、5.63、41.6 [$\times 10^{-5}$ cal/(cm·s·℃)]。现测知由这四种气体组成的混合气的导热系数为 23.69 [$\times 10^{-5}$ cal/(cm·s·℃)],问其中 H_2 的体积百分含量为多少?

6. 试述热导式气体分析仪的测量原理。什么是测量臂? 什么是参比臂? 参比臂的作用是什么?

7. 热导池有哪几种结构形式? 对流扩散式热导池有何特点?

8. 列举几个热导式气体分析仪的应用场合。

9

过程气相色谱仪

9.1　过程气相色谱仪概述

9.1.1　气相色谱分析法和过程气相色谱仪

多组分的混合气体通过色谱柱时,被色谱柱内的填充剂所吸收或吸附,由于气体分子种类不同,被填充剂吸收或吸附的程度也不同,因而通过柱子的速度产生差异,在柱出口处就发生了混合气体被分离成各个组分的现象,如图 9.1 所示。这种采用色谱柱和检测器对混合气体先分离、后检测的定性和定量分析方法称为气相色谱分析法。

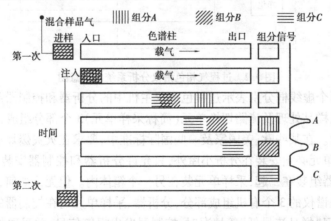

图 9.1　色谱柱分离各组分示意图

在色谱分析法中,填充剂称为固定相,它可以是固体或液体。通过固定相而流动的流体,称为流动相,它可以是气体或液体。按照流动相的状态,可以把色谱分析法分为气相色谱法和液相色谱法两大类。按照固定相的状态,又可以把气相色谱法分为气固色谱法和气液色谱法两类。

过程气相色谱仪(Process Gas Chromatography,PGC),又称工业气相色谱仪(以下简称过程色谱仪),是目前应用比较广泛的在线分析仪器之一。它利用先分离、后检测的原理进行工作,是一种大型、复杂的仪器,具有选择性好、灵敏度高、分析对象广以及多组分分析等优点,广泛用于石油化工、炼油、化肥、天然气、冶金等领域中。

9.1.2 过程气相色谱仪的基本组成

图9.2是过程色谱仪分析系统的示意图,其分析过程简述如下:工艺气体经取样和样品处理装置变成洁净、干燥的样品连续流过定量管,取样时定量管中的样品在载气的携带下进入色谱柱系统。样品中的各组分在色谱柱中进行分离,然后依次进入检测器。检测器将组分的浓度信号转换成电信号。微弱的电信号经放大电路后进入数据处理部件,最后送主机的液晶显示器显示,并以模拟或数字信号形式输出。微处理器按预先安排的动作程序控制系统中各部件自动、协调、周期地工作;微处理器还对恒温箱温度进行控制。

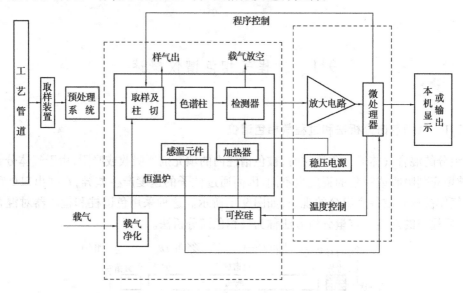

图9.2 过程气相色谱仪分析系统的示意图

图9.2中的两个虚线框分别表示过程色谱仪主机中的分析器和控制器部分。过程色谱仪由分析器、控制器、样品处理及流路切换单元(简称采样单元)3个部分组成,一般来说,三者组装在一体化机箱内。在某些欧、美国家及一些国际标准中,要求在火灾爆炸危险场所使用的过程色谱仪,其采样单元必须安装在分析小屋外,只允许分析器和控制器安装在分析小屋内,此时,分析器和控制器组装在一起,采样单元装在另一个箱体内。但无论如何,分析器、控制器和采样单元是过程色谱仪的3个有机组成部分,分析器、采样单元均在控制器的控制下按动作程序协调工作,当出现"样品流量低"等情况时,控制器发出报警信号,并采取相应措施确保样品流量正常。

过程气相色谱仪的主要组成部件简介如下。

(1)分析器

①恒温炉:给分析器提供恒定的温度,在程序升温型的色谱仪中,还需要设置程序升温炉供色谱柱按程序升温。

②自动进样阀:周期性向色谱柱送入定量样品。

③色谱柱系统:利用各种物理化学方法将混合组分分离开。

④检测器:根据某种物理或化学原理将分离后的组分浓度信号转换成电量。

(2)控制器

控制器的功能包括:炉温控制、进样、柱切换和流路切换系统的程序控制、对检测器信号进行放大处理和数值计算、本机显示操作和信号输出,DCS 通信等。

(3)采样单元

采样单元包括样品处理、流路切换、大气平衡部件等,这里所说的样品处理仅是对样品进行一些简单的流量、压力调节和过滤处理,如果样品含尘、含水量较大,或含有对分析器有害的组分,则需另设样品处理系统预先加以处理。

除了上述部件之外,还有气路控制指示部件(其作用是对进入仪器的载气及辅助气体进行稳压、稳流控制和压力、流量指示)、防爆部件(各种隔爆、正压、本安防爆部件及其报警联锁系统)等。

9.1.3　过程气相色谱仪的主要性能指标

(1)测量对象

过程气相色谱仪的测量对象是气体和可气化的液体,一般以沸点来说明可测物质的限度,可测物质的沸点越高说明可分析的物质越广。目前测量对象能达到的指标见表 9.1。

表 9.1　过程气相色谱仪的测量对象

炉体类型	最高炉温	可测物质最高沸点
热丝加热铸铝炉	130 ℃	150 ℃
空气浴加热炉	225 ℃	270 ℃
程序升温炉	320 ℃	450 ℃

高沸点物质的分析以往在实验室色谱仪上完成,现在这些物质的分析也可在过程色谱仪上完成,但分析周期较长。通常的在线分析还是局限于低沸点物质。

(2)测量范围

测量范围是一个很重要的性能指标,能充分体现仪器的性能,测量范围主要体现在分析下限,即 ppm 及 ppb 级的含量可否分析。目前能达到的指标为:

①TCD 检测器分析下限一般为 10 ppm。

②FID 检测器一般为 1 ppm。

③FPD 检测器一般为 0.05 ppm(50 ppb)。

(3)重复性

重复性也是过程色谱仪的一项重要指标。对色谱仪而言,讲重复性,而无精度指标,这主要有 3 个原因:

①过程色谱仪普遍采用外标法,其测量精度依赖于标准气的精度,色谱仪仅仅是复现标准气的精度。

②色谱仪用于多组分分析,而样品中各组分的含量差异较大(有的常量、有的微量),各组分的量程范围和相对误差(%FS)也不相同,很难用一个统一的精度指标来表述不同组分的测

量误差。

③重复性更能反映仪器本身的性能,它体现了色谱仪测量的稳定性和克服随机干扰的能力。

目前,过程色谱仪的重复性误差一般为:

①100% ~ 500 ppm:　　　　　±1% FS;

②50 ppm ~ 500 ppm:　　　　±2% FS;

③5 ppm ~ 50ppm:　　　　　±3% FS;

④ <5 ppm　　　　　　　　　±4% FS。

(4)分析流路数

分析流路数是指色谱仪具备分析多少个采样点(流路)样品的能力。目前,色谱仪分析流路最多为31个(包括标定流路),实际使用一般为1~3个流路,少数情况为4个流路。但要说明以下3点:

①对同一台色谱仪,各流路样品组成应大致相同,因为它们采用同一套色谱柱进行分离。

②分析某一流路的间隔时间是对所有流路分析一遍所经历的时间,所以多流路分析是以加长分析周期时间为代价的。当然也可根据需要对某个流路分析的频率高些,对其他流路频率低些。总之,多流路的分析会使分析频率降低,以致不能保证 DCS 对分析时间的要求。

③一般推荐一台色谱仪分析一个流路。当然对双通道的色谱仪(有两套柱系统和检测器)来说,其本身具有两台色谱仪的功效,可按两台色谱仪考虑。

(5)分析组分数

分析组分数是指单一采样点(流路)中最多可分析的组分数,或者说软件可处理的色谱峰数,这也不是一个很重要的指标。通常的分析不需要太多的组分,而只对工艺生产有指导意义的组分进行分析,分析组分太多会使柱系统复杂化,分析周期加长。目前,色谱仪测量组分数最多为:恒温炉50~60个,程序升温炉255个,实际使用一般不超过6个组分。

(6)分析周期

分析周期是指分析一个流路所需要的时间,从控制的角度讲,分析周期越短越好。色谱仪的分析周期一般为:

①填充柱:无机物3~6 min,有机物6~12 min;

②毛细管柱:1 min 左右。

9.1.4　过程气相色谱仪的应用场所

(1)石油化工

乙烯裂解分离、聚丙烯、聚乙烯、氯乙烯、苯乙烯、丁二烯、醋酸乙烯、乙二醇装置,醇、醛、醚装置,芳烃抽提分离装置等。其中,乙烯裂解分离装置使用数量最多,根据生产规模不同,可安装色谱仪16~35台,其他装置大多安装2~6台。

(2)炼油

催化裂化、气体分离、催化重整、烷基化、MTBE 等装置,程序升温型色谱仪可用于石脑油、汽油组成分析及模拟蒸馏分析。其中,催化裂化和气体分离联合装置使用数量最多,根据生产规模不同,可安装12~16台,其他装置可安装1~3台。

(3) 化工

合成氨、甲醇、甲醛、氯化物、氟化物、苯酚、有机硅生产等的气体在线分析。

(4) 天然气

天然气、液态烃组成分析(用于天然气处理厂),天然气热值和密度分析(用于天然气计量和贸易结算)。

(5) 其他行业

如钢铁（高炉、焦化炉）、合成制药、农药、高纯气体生产等的气体在线分析。

9.2 恒温炉和程序升温炉

9.2.1 恒温炉

恒温炉又称恒温箱、色谱柱箱。恒温炉的温控精度是过程色谱仪的重要指标之一。因为保留时间、峰高等都与色谱柱的温度有关,保留时间、峰高随柱温变化的系数分别为2.5%/℃、3% ~4%/ ℃,故柱温的变化直接影响到色谱仪的定性与定量分析。

早期的恒温炉采用铸铝炉体,内部埋有数根电热丝加热,这种恒温炉称为电加热炉或铸铝炉。20 世纪90 年代中期以后,国外产品开始改用空气浴炉,它采用不锈钢炉体,热空气加热,也称热风炉。空气浴炉与铸铝炉相比,有如下优点。

(1) 加热温度提高,可分析的样品范围扩大

铸铝炉的温度设定范围为50 ~ 120 ℃,由于受防爆温度组别 T4(≤135 ℃)的限制,其最高炉温只能设定为120 ℃,分析对象限于沸点≤150 ℃的样品。

空气浴炉的温度设定范围一般为50 ~ 225 ℃,分析对象扩展至沸点≤270 ℃的样品。由于循环流动的热空气兼有吹扫(将可能泄漏的危险气体稀释)和正压防爆(防止外部危险气体进入)两种作用,因而其最高炉温不受防爆温度组别的限制。

(2) 温控方式改变,温控精度提高

铸铝炉的温控方式一般为位式控制或时间比例控制,温控精度一般为 ±0.1 ℃。

空气浴炉采用数字 PID 方式控温,温控精度一般可达 ±0.03 ℃,有的产品达到 ±0.02 ℃。

(3) 内部容积扩大

铸铝炉的内部容积以前一般小于 12 L,空气浴炉的内部容积一般为 40 L 甚至更大,其传热介质和传热方式易于达到大容积炉体内的温度均衡。

内部容积的大小涉及炉体内可安装色谱柱、阀件等的多少。空气浴炉内部至少可装两套柱系统。两套色谱柱系统可以分别分析两个流路的样品,相当于两台色谱仪的功能;也可以并行分析一个流路的样品,大大提高分析速度。

内部容积大的另一个优点是维修空间也大,便于更换色谱柱、阀件等操作。

(4) 热惯性小,升温速度快,温控迅速

空气浴炉的传热方式决定了其升温速度快,开机升温到炉温稳定的时间仅需 30 min ~ 1 h,而铸铝炉则需 2 ~4 h。同样,温控速率前者也比后者快许多。

图 9.3 是一种色谱仪的空气浴炉,内部容积为 46.6 L。

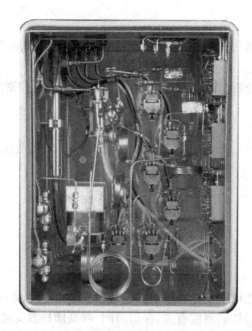

图9.3　色谱仪的空气浴炉

9.2.2　程序升温炉

恒温炉仅适用于沸点不高、沸程较窄的样品分析。当样品沸程较宽时,如选用低柱温,低沸点组分出峰较快,峰形较好,但高沸点组分出峰慢,甚至出平顶峰,有时无法定量。此外,重组分在低温下不能从色谱柱中流出,使基线劣化,形成一些无法解释的"假峰"现象。如选用高柱温,高沸点组分能获得较好的峰形,流出较快,但此时低沸点样品出峰太快,甚至无法分离。因此,恒温炉不适用于这种沸程较宽,特别是含有一些高沸点组分的样品分析。

采用程序升温炉可以使柱温按预定的程序逐渐上升,让样品中的每个组分都能在最佳温度下流出色谱柱,使宽沸程样品中所有组分都获得良好的峰形,并可缩短分析周期。

程序升温型的气相色谱仪在技术上涉及以下几个方面:

①进样阀、色谱柱、检测器的温度控制要分开进行,分析过程中仅对色谱柱进行程序升温,进样阀和检测器的温度不能变,以防止基线漂移和检测器响应变化。所以要设置程序升温和恒温两个炉体,色谱柱装在程序升温炉内,进样阀和检测器装在恒温炉内,如果进样阀和检测器的恒温温度不同,则还需分开安装并分别加以控温。

②程序升温炉的升温速率可调、线性、多段,程序升温的重现性是色谱定性和定量分析的基础。

③程序升温炉的热容量要小,以便迅速加热和冷却色谱柱。尽量采用薄壁短柱(如毛细管柱),以便提高换热速率。炉内采用高速风扇强制循环升温和恒温,降温则采用涡旋制冷管。一个分析周期结束后,炉温尽快冷至初始给定温度,以便下次分析。

④为克服高温下因固定液流失产生的基线漂移和噪声,往往采用双柱补偿。

⑤必须设置性能良好的稳流阀。在程序升温过程中,温度的变化引起色谱柱阻力发生变化,导致流速变化,造成基线不稳,使检测器响应发生变化。在双色谱柱系统中应使用性能对称的稳流阀,使升温过程中流速同步变化,基线不发生漂移。目前多采用电子压力控制器 EPC

加以控制,EPC 是一种高精度的数字控制阀系统,可以达到很高的稳压稳流效果,并自动可调。

图 9.4 是一种程序升温型色谱仪的空气浴炉,它包括程序升温炉和恒温炉两个炉体。

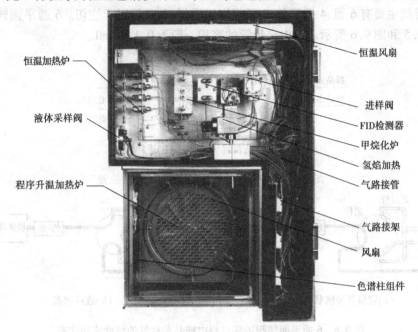

图9.4　程序升温型色谱仪的空气浴炉

9.3　自动进样阀和柱切阀

9.3.1　作用和类型

自动进样阀(又称自动采样阀)和柱切阀是过程色谱仪的关键技术之一,也是和实验室色谱仪的主要不同之处。

在过程色谱仪中,被测样品经自动进样阀采集并由载气带入色谱柱中。气体样品由气体进样阀的定量管采集,液体样品由液体进样阀的注射杆采集并在阀内加热气化,所以液体进样阀也称为液体气化进样阀。柱切阀和色谱柱组成柱切换系统,用于不同色谱柱之间气流的切换。

自动进样阀和柱切阀的驱动方式有气驱动和电驱动两种,目前普遍采用压缩空气驱动。其综合性能指标是使用寿命,用动作次数来表示,目前可达到 100 万次,过程色谱仪中进样阀和柱切阀每年动作次数为 8 万～10 万次,据此推算,阀件的理论使用寿命约为 10 年,但由于受样品洁净程度和密封材料性能等因素限制,实际使用寿命一般在 5 年左右甚至更短。

气体进样阀的结构类型较多:横河和天华公司采用 4、6 通平面转阀,6 通阀用于进样,4 通阀用于柱切;ABB 公司采用 CP 型 10 通滑块阀,SIEMENS-AA 采用 11 型 6 通柱塞阀和 50 型 10 通膜片阀,上述 10 通阀相当于一个 6 通进样阀和一个 4 通柱切阀组合在一起。

9.3.2 平面转阀

平面转阀主要有6通、4通两种,6通阀用于进样,4通阀用于柱切。6通平面转阀的进样过程如图9.5和图9.6所示。图中定量管的容积一般为0.1~5 mL。

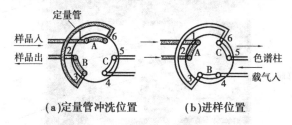

(a)定量管冲洗位置　　　　(b)进样位置

图9.5　6通平面转阀用于进样时的两种位置

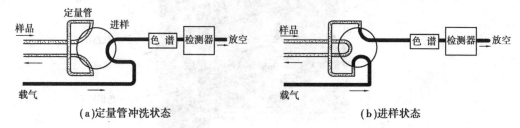

(a)定量管冲洗状态　　　　(b)进样状态

图9.6　6通平面转阀进样过程中样品和载气的两种流动状态

图9.7是一种6通平面转阀的外形图和结构图。

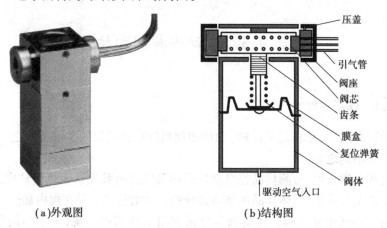

(a)外观图　　　　(b)结构图

图9.7　6通平面转阀的外形图和结构图

6通平面转阀的驱动空气压力为0.3 MPa。阀座由不锈钢制作,它经压盖固定在阀体上部,阀座上焊接有6根气体连接管,管子外径为1/16 in(约ϕ1.6 mm)。阀芯由改性聚四氟乙烯塑料制作,具有优良的耐磨性能,阀芯上加工有供气体导通的微小沟槽。未接入驱动空气时,在复位弹簧的作用下齿条位于原始位置,阀芯相对阀座处在定量管冲洗位置;接入驱动空气后,膜盒受力推动齿条上移,齿条推动齿轮轴带动阀芯转动60°,则阀芯相对阀座处于进样位置。

9.3.3 滑块阀

滑块阀又称滑板阀,简称滑阀。图9.8是一种10通滑块阀的外形图,图9.9是其结构和工作过程示意图。

图9.8 10通滑块阀的外形图

10通滑块阀的基座由不锈钢制成,内部有上下两个气室(驱动气室和工作气室)、一个固定块和一个滑动块。驱动气室由一片橡胶膜片(俗称皮帽子)分隔成前后两个腔体。固定块与工作气室连成一体,滑动块通过一个活塞推杆与皮帽子相连。当0.3 MPa的压缩空气驱动着皮帽子上下移动时,滑动块也随之移动。固定块上有10个小孔排成两列,每列5个小孔。每个小孔都连接了外径为1/16 in(约 φ1.6 mm)的不锈钢管用于通气。滑块上面的阀芯是用改性聚四氟乙烯材料制成的,有优良的耐磨性能。阀芯上加工了6个供气体通过的小凹槽,当滑块动作的时候,阀芯上的小凹槽与固定块上的10个小孔的连通状态就发生了变化。

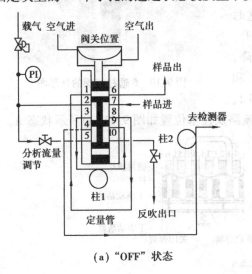

(a)"OFF"状态

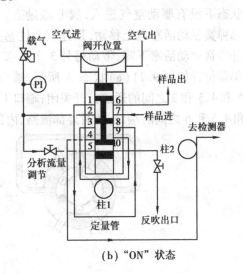

(b)"ON"状态

图9.9 10通滑块阀的结构和工作过程示意图

10通滑块阀具有一个6通进样阀和一个4通柱切阀的作用,其分析和进样过程可简述如下。

阀的分析状态(或称复位状态、阀关状态):这时电磁阀(用于控制驱动空气通路)不带电,处于"OFF"状态,后腔与驱动空气相连,前腔与大气相连放空。皮帽子在后腔空气的推动下,带动活塞推杆向下移动一个槽位,1~6相通、2~3、4~5、7~8、9~10都连通,样品气的流通路径是7→8→定量管→1→6,处于冲洗定量管的位置。此时,先前已进入的样品在载气的携带下,进入色谱柱1(主分柱)进行分离,然后经检测器排出。

阀的进样状态(或称为阀开状态):这时电磁阀带电动作,处于"ON"状态,前腔与驱动空气相连,后腔与大气相连放空。皮帽子在前腔空气的推动下,带动活塞推杆向上移动一个槽位,造成1~2、3~4、5~10、6~7、8~9分别相通。样品气的流动路径为:样品入→7→6→样品出直接放空。进入阀的载气又被分成两路:第1路进2→1→样品定量管→8→9→色谱柱1(预分柱)→3→4→柱2(主分柱)→检测器出口。这一路载气的作用是将样品从定量管中送入色谱柱进行预分离、主分离。第2路载气进5→10→反吹出口,是反吹通路。

进样过程结束后,阀复位,重新回到主分析周期。尚未进入主分离柱的那部分样品就在第一路载气的推动下被反吹掉。其流程是→2→3→柱1(预分柱)→9→10→反吹出口。

9.3.4 柱塞阀和膜片阀

图9.10是一种6通柱塞阀的外形图,图9.11是其结构和工作状态图。

6通柱塞阀是空气驱动的两阀位六端口阀,六个端口排列成一个圆周。在每两个端口之间有一个用来打开和关闭这两个端口的柱塞,用一层聚四氟乙烯隔膜密封,防止气流泄漏到阀的其他部分。

阀下部两个活塞的不同位置决定了阀有两种工作状态。驱动空气从两个活塞中间进入,第一种状态下没有驱动空气进入,属非激励态。这时下部弹簧驱动活塞向上移动,顶起三个柱塞上升,上部弹簧驱动活塞下降,带动另外3个柱塞下降,使膈膜位置如图9.11(a)状态A所示,端口1和6、5和4、3和2之间的通道打开关闭;端口1和2、3和4、5和6之间的端口,此时外部流路、内部流路及柱塞位置如图9.11(a)所示状态A。

图9.10 6通柱塞阀的外形图

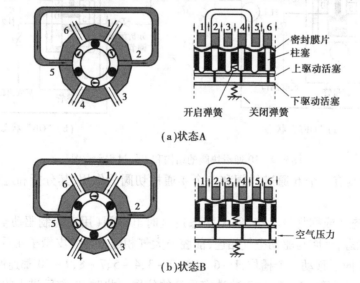

(a)状态A

(b)状态B

图9.11 6通柱塞阀的结构和工作状态图

第二种状态下有空气驱动,属激励态。此时驱动空气让上部驱动活塞上升,下部驱动活塞下降,使非激励态中三个下降的柱塞上升,非激励态中三个上升的柱塞下降,使膈膜位置如图9.11(b)状态B所示。端口之间的开关状态刚好与第一种方式相反,此时的外部流路、内部流路与柱塞位置如图9.11(b)状态B。

当阀从第一种工作方式切换到第二种方式或从第二种方式切换到第一种方式时,随着驱动空气的逐步加入或撤出,在一个活塞上升而另一活塞下降的过程中,某一个时刻会出现膈膜在同一水平面上的情况,这时六个通路全部关断,确保切换时流路之间不会发生串气现象。

9.4 色谱柱和柱系统

9.4.1 色谱柱的类型

过程气相色谱仪中使用的色谱柱主要有填充柱、微填充柱、毛细管柱3种类型。

填充柱(Packed Column)是填充了固定相的色谱柱,内径一般为 $1.5 \sim 4.5$ mm ,以 2.5 mm 左右居多。微填充柱(Micro-packed Column)是填充了微粒固定相的色谱柱,内径一般为 $0.5 \sim 1$ mm。二者也可不加区分,统称为填充柱。填充柱的柱管采用不锈钢管。

毛细管柱(Capillary Column)是指内径一般为 $0.1 \sim 0.5$ mm 的色谱柱。毛细管柱的柱管多采用石英玻璃管。毛细管柱有开管型、填充型之分。开管型毛细管柱(Open Tubular Capillary Column)又称空心柱,是指内壁上有固定相的开口毛细管柱,柱内径为 $0.1 \sim 0.3$ mm。填充型毛细管柱(Packed Capillary Column)是指将载体或吸附剂疏松地装入石英玻璃管中,然后拉制成内径为 $0.25 \sim 0.5$ mm 的色谱柱。

毛细管柱可以是分配柱,也可以是吸附柱,分离机理与填充柱相同。其优点是:能在较低的柱温下分离沸点较高的样品;分离速度快、柱效高、进样量少、具有较好的分离度;载气消耗量小;在高温下使用稳定。其缺点是:柱材料要求高;耐用性与持久性差;不易维护;样品进样量不能太多,要求系统的死体积尽量小。

目前,过程色谱仪中大量使用的是填充柱,仅在分离高沸点重组分时使用毛细管柱。

9.4.2 气固色谱柱

气固色谱柱又称为吸附柱,是用固体吸附剂作固定相的色谱柱,它利用吸附剂对样品中各组分吸附能力的差异对其进行分离。

(1)气固色谱柱的特点和适用范围

气固色谱柱有以下特点:表面积比气液柱固定相大、热稳定性较好,不存在固定液流失问题;价格低,许多吸附剂失效后可再生使用,柱寿命比气液柱长;高温下非线性较严重,在较高温度下使用会出现催化活性,若将吸附剂表面加以处理,能得到部分克服。

气固色谱柱主要用于永久性气体和低沸点化合物的分离,特别适合于上述组分的高灵敏度痕量分析,但不适合用于高沸点化合物的分离。

(2)气固色谱柱常用的吸附剂

气固色谱柱常用的吸附剂有活性炭、硅胶、活性氧化铝、分子筛、高分子多孔小球等。

9.4.3　气液色谱柱

气液色谱柱又称为分配柱,是将固定液涂敷在载体上作为固定相的色谱柱。其固定相是把具有高沸点的有机化合物(固定液),涂敷在具有多孔结构的固体颗粒(载体)表面上构成的。它利用混合物中各组分在载气和固定液中具有不同的溶解度,造成在色谱柱内滞留时间上存在差别,从而使其得到分离。

(1)载体

载体(Support)又称担体,是一种化学惰性的物质,大部分为多孔性的固体颗粒。它使固定液和流动相间有尽可能大的接触面积。色谱分析中用的载体,可分为硅藻土型(由海藻的单细胞骨架构成)和非硅藻土型(如玻璃微球、氟载体等)两类。目前应用比较普遍的是硅藻土型载体。

(2)固定液

固定液是固定相的组成部分,指涂渍在载体表面上起分离作用的物质,在操作温度下是不易挥发的液体。气液色谱仪中使用的固定液已达1 000多种,通常可以按其极性分成以下4类:

①非极性固定液:不含极性、可极性化的基团,如角鲨烷。

②弱极性固定液:含有较大烷基或少量极性、可极性化的基团,如邻苯二甲酸二壬酯。

③极性固定液:含有小烷基或可极性化的基团,如氧二丙腈。

④氢键型固定液:极性固定液之一,含有与电负性原子(O_2、N_2)相结合的氢原子,如聚乙二醇等。

9.4.4　色谱柱系统和柱切技术

过程色谱仪中使用的色谱柱是由几根短柱组合成的色谱柱系统,通过柱切换阀的动作,采用反吹、前吹、中间切割等柱切技术,提高分离速度,缩短分析时间,以适应在线分析的要求。

色谱柱系统柱切技术的主要作用有以下几个方面:

①缩短分析时间,使不要的组分(它们具有较长的保留时间,可能影响下一次分析)不经过分离柱(主分柱)。如轻烃混合气内存在重组分,完全分离要耗费很长时间。为此,当需要分析的组分从预切柱出来以后就让重组分离开系统,只让需要分析的组分进入主分柱中分离,然后在检测器内测定,这样就缩短了分析时间。

②保护主分柱和检测器,除去样品中对主分柱和检测器造成危害的有害组分。如水或一些有机组分,由于它们的吸附特性强,会逐渐积累而使柱子活性降低甚至失效。这时,可以用气液柱作预切柱,将有害组分在主分柱前面排除出系统。

③改善组分分离效果,吹掉不测定的而又会因为扩展影响小峰的主峰。如测定精丙烯所含的杂质时,由于精丙烯与微量杂质的含量相差悬殊,并在色谱图上出现重叠,分离比较困难。这时,将精丙烯的大部分在进入主分柱之前将其吹除,使剩下的精丙烯组分和杂质组分的含量之间的差别缩小,再用主分柱实现分离。

④改变组分流径,选用不同长度和不同填充剂的柱子,进行有效的分离。如某些样品内有机组分和无机组分都有,它们的选择性比较强,需要用不同长度和填充物的柱子分离,柱子之间又不能串接,以免影响分离效果和柱寿命。再如炼铁高炉气分析中,H_2、N_2、CH_4 和 CO 可以

用分子筛柱分离,而 CO_2 必须用硅胶柱分离。这就需要在柱系统设计时采取措施,改变各组分的流径,使它们分开流动,进入各自对应的色谱柱中。

下面给出过程色谱仪中常见的几种柱切连接方法的例子。

(1)反吹连接法示例

图 9.12 中 V_2 阀虚线连通时为反吹状态,目的是将被测组分以后流出的所有有害组分、重组分、不需要的组分用载气吹出。图中的预分柱 1 又称为反吹柱,通常是分配型色谱柱(气液柱),主分柱 2 通常是吸附型色谱柱(气固柱)。

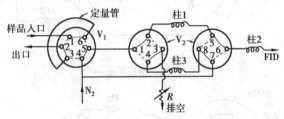

图 9.12 反吹连接法示例图
柱 1—预分柱;柱 2—主分柱;柱 3—平衡柱;R—气阻;
V_1—六通进样阀;V_2—双四通反吹阀

(2)前吹连接法示例

图 9.13(a)中,当 V_2 在实线位置时,样气中轻烃部分由柱 1 预先分离出来后,进入主分离柱进行分离,然后 V_2 切换到虚线位置,前吹柱 1 中重组分,经过气阻 R 排空。图 9.13(b)中,样气经过柱 1 预分,V_2 切换到虚线位置,此时前吹轻组分,经过气阻 R 排空,V_2 切换到实线位置时,重烃部分进入主分柱进行分离。

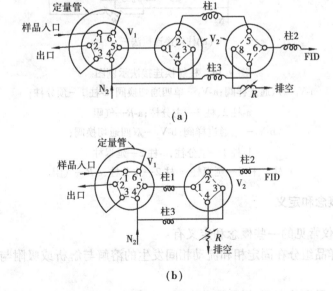

(a)

(b)

图 9.13 前吹连接法示例图
(a)前吹连接法一;(b)前吹连接法二
V_1—六通进样阀;V_2—双(单)四通反吹阀;柱 1—预分柱
柱 2—主分柱;柱 3—平衡柱;R—气阻

(3)柱切换连接法示例

图9.14(a)中柱切前后的样品分别进入主分柱2和主分柱3,可以改善部分组分的分离效果。图9.14(b)中通过柱切,可以改变样品中组分的出峰顺序,优化图谱。图9.14(c)中通过柱切,可以把重组分反吹进入检测器,改善分析时间。

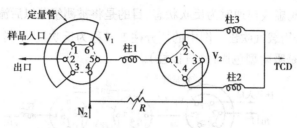

(a)柱切换连接法一

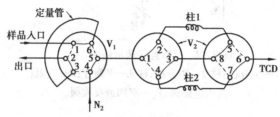

(b)柱切换连接法二

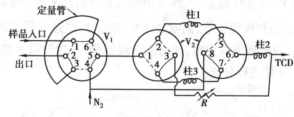

(c)柱切换连接法三

图9.14　柱切换连接法示例图

a-V_1—六通进样阀;a-V_2—单四通切换阀;a-柱1—预分柱;

a-柱2、柱3—主分柱;a-R—气阻

b-V_1—六通进样阀;b-V_2—双四通切换阀;

b-柱1—主分柱;b-柱2—延迟柱

c-柱1、柱3—延迟柱;c-柱2—主分柱;c-R—气阻

9.4.5　有关概念和定义

过程气相色谱仪常见的一些概念和定义有:

①分配过程:样品组分在固定相和流动相间发生的溶解与解析或吸附与脱附的过程称为分配过程。

②分配系数:在平衡状态下,样品组分在固定相与流动相中的浓度之比。

③色谱图:色谱分析仪进样后色谱柱流出物通过检测器时产生的响应信号对时间或载气流出体积的关系曲线图称为色谱图。

④色谱流出曲线：色谱图中检测器随时间输出的响应信号曲线为色谱流出曲线。如图9.15所示。

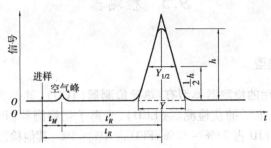

图9.15 色谱流出曲线

t_M—死时间；t_R—保留时间；t_R'—校正保留时间；Y—峰宽；$Y_{1/2}$—半峰宽；h—峰高

⑤基线：当没有样品组分进入检测器（仅有载气通过检测器）时，色谱流出曲线只是一条反应仪器噪声随时间变化的曲线，称为基线。稳定的基线是一条直线。

⑥基线噪声：由于各种因素所引起的基线波动。

⑦基线漂移：基线随时间定向的缓慢的变化。

⑧死时间（t_M）：不被固定相吸附或溶解的惰性组分（空气等），从进样开始到流出曲线浓度极大值之间的时间，它正比于色谱柱系统中空隙体积的大小。

⑨保留时间（t_R）：指被分析样品从进样开始到该组分流出曲线浓度极大值之间的时间。

⑩校正保留时间（t_R'）：扣除死时间后的保留时间：

$$t_R' = t_R - t_M \tag{9.1}$$

⑪保留值：表示样品中各组分在色谱柱中滞留时间的数值，通常用时间（保留时间）或用将组分带出色谱柱所需载气的体积（保留体积）来表示。

⑫峰宽（Y）：从流出曲线的拐点作切线与基线相交的两点间的距离。

⑬半峰宽（$Y_{1/2}$）：峰高一半处的色谱峰的宽度。

⑭峰高（h）：样品组分流出最大浓度时，检测器的输出信号。

⑮分离度 R：为了判断相邻两组分在色谱柱中的分离情况，可以用分离度 R 进行衡量。R定义为相邻两组分色谱峰保留时间之差与两组分峰宽平均值之比。

$$R = \frac{t_{R2} - t_{R1}}{\frac{1}{2}(Y_1 + Y_2)} \tag{9.2}$$

分离度综合考虑了两个相邻组分保留时间的差值和每个色谱峰的宽窄这两方面的因素，既反应了柱子的选择性，又反应了柱效率，是反映色谱柱分离效率的总指标。

当 $R = 1.5$ 时，分离效率可达99.7%，认为两峰可完全分离。过程色谱仪要求具有足够大的分辨率，并保持分析系统有较好的稳定性，因此 R 最好为5~10。

9.5 检测器

9.5.1 检测器的类型

过程气相色谱仪使用的检测器类型有:热导检测器(TCD)、氢火焰离子化检测器(FID)、火焰光度检测器(FPD)、电子捕获检测器(ECD)、光离子化检测器(PID)等。从使用数量上看,TCD 占 65% ~ 70%,FID 占 25% ~ 30%,FPD 占 4% ~ 5%,其他检测器不足 1%。

(1)热导检测器(TCD)

TCD 测量范围较广,几乎可以测量所有非腐蚀性成分,从无机物到碳氢化合物。它利用被测气体与载气间热导率的差别,使测量电桥产生不平衡电压,从而测出组分浓度。TCD 无论过去还是现在都是色谱仪的主要检测器,它简单、可靠、比较便宜,并且具有普遍的响应。

随着微填充柱及毛细管柱的应用,对 TCD 提出了更高的要求。微型 TCD 的研制也取得了长足进步,检测器的池体积从原来的几百微升降至几微升,极大地减小了死体积,提高了热导检测器的灵敏度,并减小了色谱峰的拖尾,改善了色谱峰的峰形,使其可与毛细管柱直接连用。其最低检测限一般为 10 ppm,横河 HTCD 高性能热导检测器可达 1 ppm 数量级。

(2)氢火焰离子化检测器(FID)

FID 适用于对碳氢化合物进行高灵敏度(微量)分析。其工作原理是:碳氢化合物在高温氢气火焰中燃烧时,发生化学电离,反应产生的正离子在电场作用下被收集到负极上,形成微弱的电离电流,此电离电流与被测组分的浓度成正比。其最低检测限一般为 1 ppm,有些产品可达 100 ppb 甚至 10 ppb 数量级。

(3)火焰光度检测器(FPD)

FPD 对含有硫和磷的化合物灵敏度高,选择性好,比 FID 高 3 ~ 4 个数量级。其原理是,在 H_2 火焰燃烧时,含硫物发出特征光谱,波长为 394 nm,含磷物为 526 nm,经干涉滤光片滤波,用光电倍增管测定此光强,可得知硫和磷的含量。其测量范围一般在 1 ppm ~ 0.1%。

(4)电子捕获检测器(ECD)

ECD 的工作原理是载气(N_2)分子在 ^3H 或 ^{63}Ni 等辐射源所产生的 β 粒子的作用下离子化,在电场中形成稳定的基流,当含电负性基团的组分(如 CCl_4)通过时,俘获电子使基流减小而产生电信号。这种检测器广泛用于含氯、氟、硝基化合物等的检测中。

(5)光离子化检测器(PID)

PID 的工作原理是利用高能量的紫外线照射被测物,使电离电位低于紫外线能量的组分离子化,在外电场作用下形成离子流,检测离子流可得知该组分的含量。对许多有机物,PID 灵敏度比 FID 还高 10 ~ 50 倍。PID 多用于芳香族化合物的分析,如多环芳烃,它对 H_2S、PH_3、NH_3、N_2H_4 等也有很高的灵敏度。

对检测器的要求是灵敏度高、稳定性好、响应速度快、死体积小、线性范围宽、应用范围广以及结构简单、经济耐用、使用方便。

9.5.2 热导检测器

过程色谱仪和热导分析器使用的热导检测器(Thermal Conductivity Detector,TCD)基本相同,此处仅就与过程色谱仪有关的问题作一简略介绍。

图 9.16 是一种色谱仪热导检测器的外形图和工作原理示意图。

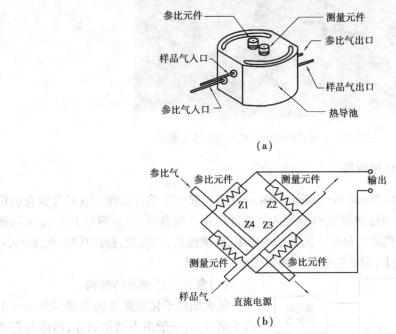

（a）

（b）

图 9.16 热导检测器外形图和工作原理示意图

（a）TCD 外形图；（b）TCD 工作原理示意图

TCD 检测器一般采用串并联双气路,4 个热敏元件两两分别装在测量气路和参比气路中,测量气路通载气和样品组分,参比气路通纯载气。每一气路中的两个元件分别为电路中电桥的两个对边,组分通过测量气路时,同时影响电桥两臂,故灵敏度可增加一倍。

常用的热敏元件有热丝型和热敏电阻型两种。

热丝型元件有铂丝、钨丝或铼钨丝等,形状有直线形或螺旋形两种。铂丝有较好的稳定性、零点漂移小,但灵敏度比钨丝低,且有催化作用。钨丝与铂丝相比,价格便宜,无催化作用,但高温时易氧化,使电桥电流受到一定限制,影响灵敏度的提高。铼钨丝(含铼3%)的机械强度和抗氧化性比钨丝好,在相同电桥电流下有较高灵敏度,用铼钨丝能提高基线稳定性。

半导体热敏电阻型检测器阻值大,室温下可达 10 ~ 100 kΩ,温度系数比钨丝大 10 ~ 15 倍,可制成死体积小,响应速度快的检测器。其优点是灵敏度高,寿命长,不会因载气中断而烧断;其缺点是不宜在高温下使用,温度升高,灵敏度迅速下降。半导体热敏电阻对还原性组分十分敏感,使用时须注意。

图 9.17 是一种 8 通道热敏电阻热导检测器的外形图。8 通道热敏电阻热导检测器有 6 个测量通道,2 个参比通道,每个通道相当于一个热导池,内装一个热敏电阻元件。每 2 个测量元件和 2 个参比元件可组合成一个双臂串并联型不平衡电桥,8 个通道可组合成 3 个电桥,相当于 3 个热导检测器的功能,其中一个用作测量检测器,其余两个用作柱间检测器。柱间检测器接在色谱柱之间,供色谱仪调试时确定峰的开、关门时间,可为柱切换提供依据,这对于维护人员是极为方便的。

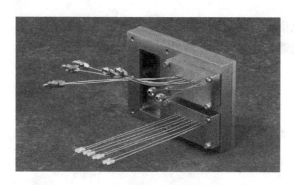

图 9.17　8 通道热敏电阻热导检测器外形图

9.5.3　氢火焰离子化检测器

氢火焰离子化检测器(Flame Ionization Detector,FID),简称氢焰检测器。它对含碳有机化合物有很高的灵敏度,一般比热导池检测器的灵敏度高几个数量级,能检测至 10^{-12} g/s 的痕量物质,故适宜于痕量有机物的分析。因其结构简单,灵敏度高,响应快,稳定性好,死体积小、线性范围宽,可达 10^{-6} 以上,因此它也是一种较理想的检测器。

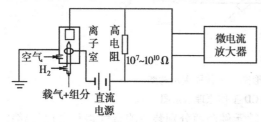

图 9.18　氢火焰离子化检测器和微电流放大器

(1)氢火焰检测器的结构

氢火焰离子化检测器的主要部分是一个离子室,外壳一般由不锈钢制作,内部装有喷嘴、极化极(负极)、收集极(正极)和点火极,如图 9.18 所示。在极化极与收集极之间加有 100 ~ 300 V 直流电压(称为极化电压)形成电场。被测组分被载气携带,从色谱柱流出,与氢气混合一起进入离子室,由喷嘴喷出。氢气在空气的助燃下经引燃后进行燃烧,以燃烧所产生的高温(约 2 100 ℃)火焰为能源,使被测有机物组分电离成正负离子。产生的离子在收集极和极化极的外电场作用下定向运动而形成电流。电离的程度与被测组分的性质有关,一般碳氢化合物在氢火焰中电离效率很低,大约每50 万个碳原子中有一个碳原子被电离,因此产生的电流很微弱,其大小与进入离子室的被测组分含量有关,含量越大,产生的微电流就越大,这二者之间存在定量关系。

为了使离子室在高温下不被样品腐蚀,金属零件都用不锈钢制成,电极都用纯铂丝绕成,极化极兼作点火极,将氢焰点燃。为了把微弱的离子流完全收集下来,要控制收集极和喷嘴之间的距离。通常把收集极置于喷嘴上方,与喷嘴之间的距离不超过 10 mm。也有把两个电极装在喷嘴两旁,两极间距离为 6 ~ 8 mm。

氢火焰检测器的输出是一个 10^{-14} ~ 10^{-9} A 的高内阻微电流信号,必须采用微电流放大器加以放大。微电流信号在其中经过一个高电阻形成电压并进行阻抗转换,经放大和数据采集电路送至微处理器进行数据处理,并计算出对应组分含量值。微电流信号的传送需采用高屏蔽同轴电缆。

(2)氢火焰检测器操作条件的选择

1)气体流量

①载气流量:实验证明,使用氢火焰检测器时,以 N_2 作载气要比用其他气体(如 H_2、He、

Ar)作载气时的灵敏度高,因此一般用 N_2 作载气。载气流量的选择主要考虑分离效能。对一定的色谱柱和样品,要找到一个最佳的载气流速,使柱的分离效果最好。

②氢气流量:氢气流量与载气流量之比影响氢火焰的温度及火焰中的电离过程。氢火焰温度太低,组分分子电离数少,产生电流信号小,灵敏度就低。氢气流量低,不但灵敏度低,而且易熄火。氢气流量太高,热噪声就大。故对氢气必须维持足够流量。当氮气作载气时,一般氢气与氮气流量之比是 $(1:1) \sim (1:1.5)$。在最佳氢氮比时,不但灵敏度高,而且稳定性好。

实际工作中,可采用下述方法获得最佳 H_2/N_2 曲线:检测器点燃后,首先固定载气流量及助燃空气流量,使氢气由小到大变化,每变一次氢气流量,进样分析一次,获得峰高值。改变几次氢气流量,就可得一条峰高——H_2 曲线。改变载气流量,重复上述操作,可得到几组峰高——H_2 曲线。选取上述各条曲线的最高点所对应的 H_2、N_2 值,就得一条 N_2—H_2/N_2 曲线,这就是不同载气流量下的最佳 H_2/N_2 比曲线。曲线上每一组 H_2、N_2 的数值都可使这种结构的检测器发挥最佳性能。但要注意的是上述测定必须在助燃空气流量与检测器温度、柱温不变的条件下进行。

③空气流量:空气是助燃气,并为生成 CHO^+ 提供 O_2。空气流量在一定范围内对响应值有影响。当空气流量较小时,对响应值影响较大,流量很小时,灵敏度较低。空气流量高于某一数值(例如 400 mL/min),此时对响应值几乎没有影响。一般氢气与空气流量之比为 $1:10$。

上述气体中含有机械杂质或微量有机物时,对基线的稳定性影响很大,因此要保证所用的气体的纯度和管路系统的洁净。

2)极化电压

氢火焰中生成的离子只有在电场作用下向两极定向移动,才能产生电流。因此极化电压的大小直接影响响应值。实践证明,在极化电压较低时,响应值随极化电压的增加成正比增加,然后趋于一个饱和值,极化电压高于饱和值时与检测器的响应值几乎无关。一般选 $\pm 100 \sim 300$ V。

3)检测器温度

与热导池检测器不同,氢焰检测器的温度不是主要影响因素,从 $80 \sim 200$ ℃,灵敏度几乎相同。80 ℃以下,灵敏度显著下降,这是由于水蒸气冷凝造成的影响。

4)甲烷化转化器

对于气体样品中的微量 CO、CO_2,热导检测器难以检测出来,而氢火焰检测器仅对碳氢化合物有响应,对 CO、CO_2 不产生响应。因此,可设法将 CO、CO_2 转化为碳氢化合物,再用氢火焰检测器来测量。

甲烷化转化器(Methanizer)就是气相色谱仪为了满足对 CO、CO_2 微量分析的需要而开发的一种转化装置,它与 FID 检测器连用,用来测量其他方法无法检测的几个 ppm 的 CO 与 CO_2。其工作原理是:通过加氢催化反应,将 CO、CO_2 转化成 CH_4 和 H_2O,再送往 FID 检测器,通过测量 CH_4,间接计算出 CO、CO_2 含量。

甲烷化转化器中使用镍催化剂,转化炉的反应温度一般为 $350 \sim 380$ ℃。镍催化剂必须密封保存,防止与空气接触,降低催化剂活性。新装的镍催化剂管要先活化,一般选择活化温度为 $380 \sim 400$ ℃,H_2 流量为 $20 \sim 30$ mL/min,活化 6 h。

9.5.4　火焰光度检测器

火焰光度检测器(Flame Photometric Detector,FPD)是一种选择性很强的检测器,它只对硫或磷有响应,含硫、磷的化合物在富氢-空气火焰中燃烧时,可发出特征光谱,光强度与样品中硫、磷化合物的浓度成正比。这种特征光谱经滤光片(S 硫的特征光谱为 394 nm 紫色光,P 磷为 526 nm 黄色光)滤波后由光电倍增管接收,再经微电流放大器放大,信号处理后得到样品中硫、磷化合物的含量。通常低含硫量的样品气均可用火焰光度检测器检测,如 SO_2、H_2S、COS、CS_2、硫醇、硫醚等。

(1)火焰光度检测器的结构

图 9.19 是火焰光度检测器的结构示意图,它由气路部分、发光部分和光电检测部分组成。

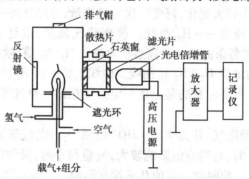

图 9.19 火焰光度检测器结构示意图

气路部分与 FID 相同。发光部分由燃烧室、火焰喷嘴、遮光罩、石英管组成,喷嘴由不锈钢制成,内径比 FID 大,为 1.0 ~ 1.2 mm,双火焰的下火焰喷嘴内径为 0.5 ~ 0.8 mm,上火焰喷嘴内径为 1.5 ~ 2.0mm。遮光罩高 2 ~ 4 mm,目的是挡住火焰发光,降低本底噪声,遮光罩有固定式和可调式,也有不用遮光罩,采取降低喷嘴位置的办法。石英管的作用主要是保证发光区在容易接收的中心位置,提高光强度,并具有保护滤光片的隔热作用,防止有害物质对 FPD 内腔及滤光片的腐蚀和玷污。将石英管的一半镀上有反光作用的材料,可增强光信号。

光电检测部分由滤光片、光电倍增管组成。滤光片的作用是滤去非硫、磷发光的光信号。光电倍增管是探测微弱光信号的高灵敏光电器件,是唯一能由单一光电子产生毫安级输出电流而响应时间以毫微秒计的电子器件。用在 FPD 上的工作电压为 - 800 ~ - 700 V。

(2)火焰光度检测器的响应机理

FPD 对硫和磷的响应机理不同。一般认为含硫化合物在富氢焰条件下产生不可逆的分解,生成硫原子,并在外围冷焰区生成激发态的硫分子 S_2^*,当其跃迁回基态时,发射出 350 ~ 430 nm 的特征分子光谱。光发射强度与 S_2^* 的浓度成正比,但线性范围比较窄,一般为 $10^2 ~ 10^3$。

含磷化合物的响应机理是含磷化合物在火焰中先分解成 PO 分子,然后反应生成激发态 HPO^*:

$$PO + H \longrightarrow HPO^*$$

$$PO + OH + H_2 \longrightarrow HPO^* + H_2O$$

磷的响应值正比于 HPO^* 产生的数量,即与含磷化合物的量成正比,线性范围为 $10^3 ~ 10^5$。

(3)火焰光度检测器操作条件的选择

1)各种气体的流量

在用 FPD 检测含硫化合物时,氮气、氢气和空气的流量变化直接影响检测灵敏度、信噪比和线性范围。

对硫化物的检测表现出峰高与峰面积随氮气流量增加而增大,加到一定量时,峰高、峰面积会逐渐下降。这是因为氮气作为稀释气增加时使火焰温度降低,有利于硫的响应,当达到最佳值后则不利于硫的响应。而氮气流量在通常范围内变化对磷的检测无影响。

无论是硫或磷的测定,都有各自的氢气与空气的最佳比值,并随 FPD 结构差异而不同,测磷比测硫需要更大的氢气流量。初次使用 FPD 时应参考仪器说明书给定的条件,以确定其测硫或磷时氢气与空气的最佳比值,保证其较高的测量灵敏度。

实际工作中,也可采用逐渐逼近法调节氢气和空气的比例,直至 FPD 对硫和磷的灵敏度达到最佳值。调节时使氢气流量保持不变,改变空气流量;或使空气流量不变,改变氢气流量,用同一硫化物或磷化物标样进行对比。使用这种方法必须注意空气流量变大,而氢气流量太小时,会使火焰温度升高,灵敏度下降。

2)检测系统各部分的温度

火焰光度检测系统各部分对温度的要求是不一样的,在使用中应注意以下 4 点:

①色谱柱温度设置不宜太高,否则固定液流失加快,会使检测器基流或噪声增大。

②色谱柱出口至燃烧喷嘴之间温度要高于柱温,防止水蒸气在这里冷凝,返回到色谱柱中或进入燃烧室中。还要避免柱出口高沸点物质凝结在燃烧室底座或喷嘴上,引起堵塞或产生假峰。

③燃烧室温度需保持在 150 ℃ 上下,防止水气冷凝,使水气随载气顺利排出系统。

④光电倍增管使用时环境温度不得超过 50 ℃,且越低越好,以减小暗电流,同时降低热噪声。因此要求带有散热片,采用强制风冷或水冷措施。

9.6 控制器和采样单元

9.6.1 控制器

控制器内的电路包括检测器信号的放大电路,数据处理电路,炉温控制电路,进样、柱切和流路切换系统的控制电路,显示操作电路,模拟和接点信号输入/输出电路,数据通信电路,电源稳压和分配电路等。控制器内装的应用软件包括各种程序控制、色谱信号处理和计算、系统故障诊断、显示操作、输入/输出、通信软件等。

控制器涉及的硬件、软件很多,内容庞大繁杂,此处不作展开介绍。

9.6.2 控制器机箱的正压通风防爆设计

图 9.20 是一种工业色谱仪整机防爆结构示意图。从图中可以看出,其电气控制部件处于正压通风防爆机箱中;TCD 和 FID 检测器采用螺纹隔爆设计,其引线经防爆接头接入正压通风防爆腔体;恒温炉采用电加热棒加热,加热棒也设计为螺纹隔爆,其引线经防爆接头接入正压通风防爆腔体。工业色谱仪正压通风防爆设计要点如下。

①仪表的电气控制部件均置于正压外壳中,外壳由钢板制作,内部安装有印刷电路板、接线端子板、电磁阀、交流-直流转换器、前门组件及内部接线等。如图 9.21 所示。

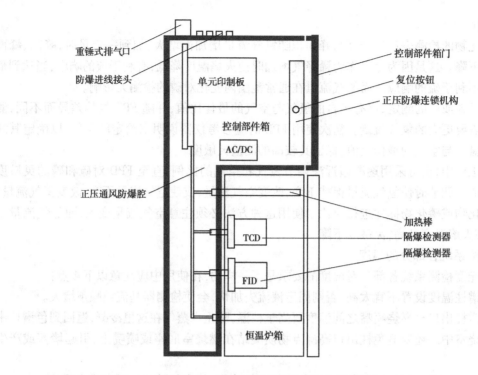

图 9.20 工业色谱仪整机防爆结构示意图

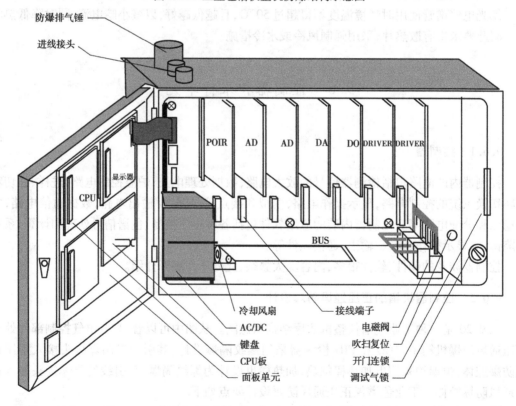

图 9.21 控制部件机箱内部结构图

②仪表运行前,应向外壳内通入足量的保护气体(仪表空气),使外壳内爆炸性气体混合物浓度降至爆炸下限以下,这一步称为"换气过程"。

③仪表运行时,保护气体连续通入外壳,使外壳内保持相对于周围环境的正压力,阻止外部气体混合物进入正压外壳,这一过程称为"通风状态"。

④为使仪表正常期间正压保护功能不失效,设计了图9.22所示的正压通风防爆联锁保护系统。

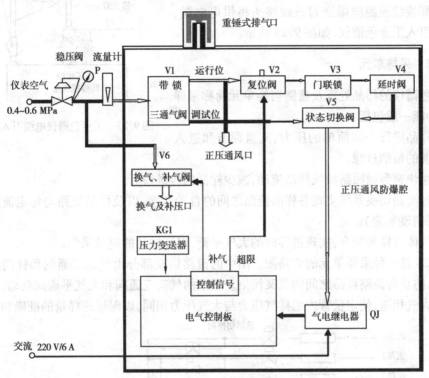

图9.22 正压通风防爆联锁保护系统原理图

正压通风防爆联锁保护系统工作原理:

a. 换气过程:用钥匙使带锁三通气阀V1处于运行位,仪表空气通过V1、V6向正压防爆腔充入,延时气阀V4开始计时,15 min后,通过状态切换阀V5,气/电继电器吸合给色谱仪送电。

b. 监测保护:色谱正常送电后,即进入监控保护状态,它使确保正压外壳内与外界环境有一相对压差值的自动补压装置、正压值过高及过低的断电连锁装置及门连锁装置均处于工作状态。正常运行时,压力变送器KG1一直监测正压通风防爆腔的压力,当压力值低于某一设定值时,它可通过换气、补气电磁阀V6对正压防爆腔进行补压,当压力值高于某一设定值时,停止对正压防爆腔补压。当监测到正压防爆腔的压力值超压(>800 PA)或欠压(<200 PA)时,给复位阀V2一个电信号,断电连锁装置工作,切断色谱仪的电源。当因误操作打开控制部件机箱的前门时,门连锁装置动作,可以自动切断仪器的供电,避免因误操作打开箱门而引起的爆炸危险。

注:当复位阀V2动作后,必须打开机箱的门,按一下位于右侧的正压防爆连联机构的复位按钮,再关闭门后,正压防爆连联锁保护系统可恢复正常运行。

c. 调试状态：为便于在特殊情况下打开机箱的前门调试仪表，设计了开门调机连锁机构。当带锁三通气阀 V1 处于调试位时，仪表空气推动状态切换阀 V5 使气/电继电器吸合，给色谱仪送电。（调试者须经安全主管部门批准并对仪器周围环境进行通风吹扫后，方可进行开门调试。）

⑤外部接线须经防爆密封进线接头将供电电缆、信号电缆引入工业色谱仪，如图 9.23 所示。

9.6.3 采样单元

过程色谱仪的样品处理及流路切换单元简称采样单元，其功能一般包括：

①对样品进行一些简单的压力、流量调节和进入色谱仪之前的精细过滤。

②采用快速旁通回路加快样品流动，减少样品的传送滞后。

③通过流路切换系统实现各样品流路之间的自动切换，以及样品流路与标定流路之间的自动切换（自动标定）。

④与气体进样阀配合，实现进样时的大气平衡，保证样品的定量采集。

图 9.24 是一种采样单元的流路图。图中的流路切换部分由气动二通阀和针阀组成反向洗涤系统，防止各流路样品之间的交叉污染。图中的气动三通阀和大气平衡阀联动，进样瞬间定量管与大气相通，使定量管内的样气压力与大气压力相同，以保证进样量的准确和恒定。

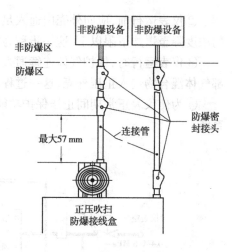

图 9.23　工业色谱仪电缆引入示意图

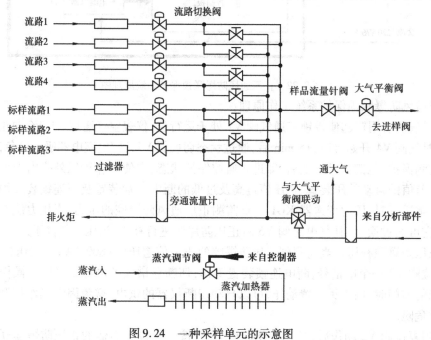

图 9.24　一种采样单元的示意图

9.7 过程气相色谱仪使用的辅助气体

图 9.25 是过程气相色谱仪气路系统的管线连接示意图。从图中可以看出,过程气相色谱仪使用的辅助气体种类较多,包括标准气、载气、FID、FPD 检测器用的燃烧氢气、仪表空气、伴热保温用的低压蒸汽等。一台色谱仪使用的载气往往不止一种,仪表空气在色谱仪中又有多种用途,如图 9.26 所示。不同种类、不同用途的辅助气体,对其压力、流量、纯度的要求也是不同的。

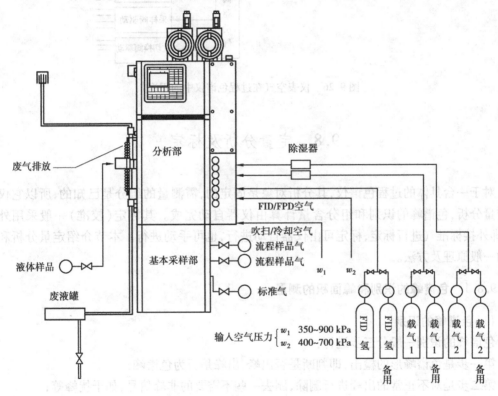

图 9.25　过程气相色谱仪气路系统管线连接示意图

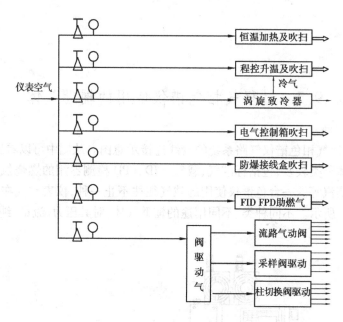

图 9.26　仪表空气在过程色谱仪中的用途

9.8　定量分析及标定

对于一台具体的过程色谱仪,其分析对象是固定的,需测量的组分是已知的,所以它仅用于定量分析,色谱峰的识别和组分含量计算由仪器自动完成。其标定(校准)一般采用外标法,即外接标准气进行标定,标定可由仪器自动进行,也可手动进行。本节介绍定量分析和标定的一般原理及方法。

9.8.1　色谱峰的识别和峰面积的测量

(1)色谱峰的识别
色谱峰的识别一般分三步进行:

第一步是色谱峰形的检出,即判断是否出峰,出峰是否为色谱峰;

第二步是对不正常的出峰进行删除,删去一些不需要的非峰信号,如干扰峰等;

第三步是选择所需要的色谱峰。

色谱峰形的检出主要靠斜率检测电平来识别,当检测到的数次斜率值高于斜率检测电平时即认为是出峰;当斜率值为零时为峰的顶点;而当检测到的数次斜率值小于斜率检测电平时则认为峰结束,如图 9.27 所示。

对不正常的非峰进行删除,是通过最小峰面积和最小峰高来实现的,当检测到的峰面积或是峰高值小于所设定的最小峰面积和最小峰高时,则不认为是出峰,而作为噪声除去。选择所需的色谱峰是通过峰窗进行识别,当峰的保留时间在所设定的峰窗范围内,则认为是所需要的色谱峰,不在峰窗范围内的峰则不是需要检测的色谱峰。如图 9.28 所示。

与色谱峰识别有关的参数及其含义如下:

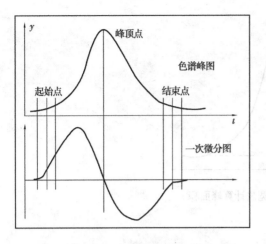

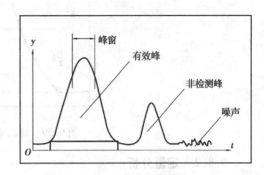

图 9.27　色谱峰形的检出　　　　图 9.28　对所需要的色谱峰进行选择

①采样频率(Sampling Rate):采样频率即每秒的采样次数,取值范围为 1～48 次/s,默认值为 16 次/s,采样时间为 63 ms/次。此设定值和峰宽成反比,峰较宽时,此值可设定较小,采样频率较低,峰较窄时,此值设定较大。

②噪声电平(Noise Level):噪声电平指模拟输入电路产生的噪声电平的允许值,此值用采样码值来表示,其取值范围应该在 -32 767～+32 767,仪器默认值为 0。此电平值可以手动方式进行测试。当输入信号电平大于此值时,仪器认为是出峰。当输入信号电平小于此值时,仪器不认为是出峰,不进行色谱峰处理,而作为噪声除去。

③斜率检测电平(Gradient):斜率检测电平是色谱峰出峰的判别标识之一,当色谱峰的连续采样斜率高于此值时,被认为是出峰,否则作为基线处理。

$$Gradient = 两次采样码的差值 \times 采样频率 \tag{9.3}$$

斜率检测电平表示的是单位时间内采样的变化值,即两次采样码差值/采样时间的比值。

此设定值一般和采样频率接近,与出峰大小成正比,当想检测较为平滑的峰时,此值可设较小,当出峰较陡较大时,此值可设较大。

④最小峰面积(Minimum Peak Area):主要用来消除一些小的干扰峰,当检测峰的峰面积小于最小峰面积时,则做为干扰峰除去,不进行色谱峰计算。

⑤最小峰高(Minimum Peak Height):用于峰高检测时除去一些小的干扰峰,当检测到的峰的峰高小于最小峰高时,则作为干扰峰除去,不进行色谱峰计算。

(2)峰面积的测量

对于分离较好的色谱峰,测量方法有以下两种:

①数字积分法:采用数据处理装置,用积分法计算峰面积。

②峰高乘半峰宽法:用峰高乘半峰宽计算峰面积 A,如图 9.29 所示。

$$A = 1.065 \times h \times Y_{1/2} \tag{9.4}$$

对于部分重叠的色谱峰,若两峰交点的高度低于小峰的半峰高,仍可用峰高乘半峰宽法。

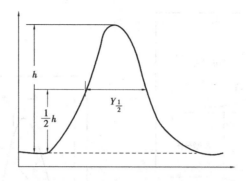

图 9.29　峰高乘半峰宽法计算峰面积

9.8.2　定量分析

根据色谱图求出各组分的含量称为定量分析,其依据是:进样量在柱负荷允许的范围内,峰面积 A 或峰高 h 与各对应组分的含量成正比。即

$$c_i\% = f_i \times A_i \tag{9.5}$$

或

$$c_i\% = f_i \times h_i \tag{9.6}$$

式中　$c_i\%$——i 组分的百分含量;

　　　A_i——i 组分的峰面积;

　　　h_i——i 组分的峰高;

　　　f_i——i 组分的定量校正因子。

实验证明,虽然在一定范围内,色谱进样量和各组分峰面积(或峰高)呈线性关系,但是由于检测器对不同物质的响应值不同,使含量相同的不同组分其峰面积不同。因此需用一个系数来校正各峰面积,这个系数称为定量校正因子,也称为修正系数。定量校正因子是定量计算公式中的比例常数,其物理意义是单位峰面积或峰高所代表的被测组分的量。

在定量分析中,一般使用相对校正因子即某物质与标准物质绝对校正因子之比。常用的有相对质量校正因子 f_m 和相对摩尔校正因子 f_M,其定义为:

$$f_m = \frac{A_s \times m_i}{A_i \times m_s} \tag{9.7}$$

式中　A_i、m_i——被测组分 i 的峰面积和质量;

　　　A_s、m_s——标准物的峰面积和质量。

$$f_M = f_m \times \frac{M_s}{M_i} \tag{9.8}$$

式中　M_i、M_s——被测组分和标准物的摩尔质量。

一般文献中查得的校正因子都是相对校正因子,通常把相对二字略去。常用的标准物是苯(用于 TCD)和正庚烷(用于 FID)等。定量校正因子可查表求取,也可自行测定。

9.8.3　根据色谱图确定组分

虽然过程气相色谱仪仅用于定量分析,但实际工作中有时需要根据色谱图确定各组分是什么物质,这就是所谓的定性分析。其依据是:每个组分都有一个对应的峰(每个峰不一定只反映一个组分),而且峰顶到进样时刻的时间距离是一定的,即保留值(或保留时间)一定。

定性分析常用方法有以下几种。

①纯物质对照法:将已知纯物质和待测物分别进样,量取其保留值,然后对照比较进行定性。

②增高法:在仪器操作条件不稳定时,可将已知纯物质加入待测物中,然后进样。对照比较加纯物质前后两次进样的谱图,根据峰高或峰面积的增加情况进行定性。

③双柱法:有时不同物质在同一色谱柱上可能有相同的保留值,那么上述方法就无能为力了。这时可用双柱法定性,选两根极性相差比较大的柱子,然后用上述方法之一定性,如果在两根柱上均得到相同的结论就可以定性了。

④利用文献上保留值数据定性:当组分比较复杂且纯物质不全时,可利用文献中给出的保留值数据定性。

9.8.4 过程气相色谱仪的标定

过程气相色谱仪的标定方法有外标法、归一化法、内标法,其中最常用的是外标法。有时也采用与实验室分析结果相对照的方法进行标定。这里以天华 HZ 3880 色谱仪中使用的标定方法为例加以介绍。

HZ 3880 色谱仪中使用的标定方法 3 种:外标法、全面积归一化法和全组分归一化法,下面分别加以说明。

(1)外标法

外标法适用于用标准气对仪器进行标定。外标法只对组分表中所设定的组分进行计算,可用峰高或峰面积来计算,标定系数(标定因子)可通过标定操作来求得,标定系数 k_i 计算公式如下:

$$k_i = \frac{m_i}{A_i} \tag{9.9}$$

或

$$k_i = \frac{m_i}{h_i} \tag{9.10}$$

式中 m_i——标定表中所设定的 i 组分在标气中的含量;

A_i——所测量的 i 组分的峰面积;

h_i——所测量的 i 组分的峰高值。

(2)全面积归一化法

全面积归一化法适用于全组分分析。这种方法对所有的色谱峰面积进行 100% 的归一化计算,即所有的组分含量累加和应为 100%,其计算公式为:

$$M_i = \frac{A_i}{\sum A_i} \times 100\% \tag{9.11}$$

式中 M_i——i 组分的百分含量;

A_i——i 组分的测量峰面积;

$\sum A_i$——各组分的测量峰面积之和。

在显示计算结果时,只显示满足在组分表中所设定的参数的组分含量,但所测量的组分不得超过 32 个。

(3)全组分归一化法

全组分归一化法适用于对规定的组分进行归一化计算。当实际测量结果所有组分之和不为 100% 时,可用全组分归一化法。其计算方法采用了加权平均的方法,计算公式为:

$$M_i = \frac{A_i \times k_i}{\sum (A_i \times k_i)} \times 100\% \tag{9.12}$$

式中　M_i——i 组分的百分含量;

　　　A_i——i 组分的测量峰面积;

　　　k_i——i 组分的标定系数,k_i 取外标法中所求得的数值;

　　　$\sum (A_i \times k_i)$——各组分的测量峰面积与标定系数的乘积之和。

思考题

1. 什么是气相色谱分析法?
2. 我国目前使用的工业气相色谱仪,其生产厂家和产品型号主要有哪些?
3. 画出工业气相色谱仪系统框图并简单说明其工作过程。
4. 解释以下名词:

　　色谱柱. 填充柱. 微填充柱. 流动相. 载气. 固定相
5. 简述气固色谱柱的分离原理。
6. 在线色谱仪的分析气路通常由哪几部分组成?
7. 什么是柱切技术? 它有什么作用?
8. 试画出工业色谱仪色谱柱系统反吹连接方法示意图。
9. 试画出工业色谱仪色谱分析系统中可改善部分组分的分离效果的柱切换方法示意图。
10. 试画出工业色谱仪色谱分析系统中可改变样品中组分的出峰顺序,优化谱图的柱切换方法示意图。
11. 根据图 9.9 说明色谱仪气体滑块阀的结构及其动作过程。
12. 热导检测器有哪些特点? 适合分析哪些物质?
13. 试述氢火焰离子化检测器的工作原理及特点。
14. 试述火焰光度检测器(FPD)的工作原理和结构特点。
15. 如何根据色谱图确定各组分是什么物质?
16. 如何对过程气相色谱仪进行标定?

10

微量水分与水露点分析仪

10.1 湿度的定义及表示方法

10.1.1 湿度的定义

按照国家计量技术规范《常用湿度计量名词术语》(JJF 1012—87),把气体中水蒸气的含量定义为湿度,对应于英文的 Humidity;而把液体或固体物质中水的含量定义为水分,对应于英文的 Moisture。

当气体中水蒸气的含量低于 −20 ℃露点时(在标准大气压下为 1 020 ppmV),工业中习惯上称为微量水分(Trace Water),而不叫湿度。

10.1.2 湿度表示方法

工程测量中常用的表示方法如下。

①绝对湿度:一定的温度及压力条件下,每单位体积混合气体中所含的水蒸气质量,单位以 g/m^3 或 mg/m^3 表示。

②体积百分比:水蒸气在混合气体中所占的体积百分比,单位以% vol 表示。在微量情况下采用体积百万分比,单位以 10^{-6}vol 或 μL/L 、ppmV 表示。

③质量百分比:水分在液体(或气体中)所占的质量百分比,单位以% W 表示。在微量情况下采用质量百万分比,单位以 10^{-6}W 或 μg/g、ppmW 表示。

注:以前将质量百分比称为重量百分比,单位符号中的"W"(Weight)代表重量,这一习惯表示方法在工程上一直沿用下来。

④水蒸气分压:在湿气体的压力一定时,湿气体中水蒸气的分压力,单位以毫米汞柱(mmHg)或帕斯卡(Pa)表示。

⑤露点温度:在一个大气压下,气体中的水蒸气含量达到饱和时的温度称为露点温度,简称露点,单位以℃或℉表示。露点温度和饱和水蒸气含量是一一对应的。

⑥相对湿度:在一定的温度和压力下,湿空气中水蒸气的摩尔分数与同一温度和压力下饱

和水蒸气的摩尔分数之比,单位以% RH 表示。有时,也常用一定的温度和压力下湿空气中水蒸气的分压与同一温度和压力下饱和水蒸气的分压之比来表示相对湿度。但须注意,这种表示方法仅适用于理想气体。

10.1.3 常压下天然气水分含量与压力状态下水露点的换算

目前使用的微量水分仪,绝大多数是将样品减压后,测量常压下的水分含量。图 10.1 示出了常压下水分含量(ppmV)与露点温度(℃)之间的对应关系,可以看出二者并非线性关系,如需进行换算,一般可查阅相关资料。

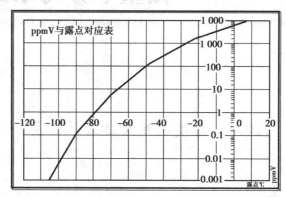

图 10.1　常压下水分含量(ppmV)与露点温度(℃)之间的对应关系

在天然气工业中,往往需要将常压($1.01 \times 10^5 Pa$)下测得的天然气水分含量,换算成压力状态下的水露点温度值,以便掌握天然气在管道输送的压力和温度下,会不会结露而凝析出液态水,二者之间需要相互换算。

采用在线分析仪测量天然气中水分含量通常是在常压下进行的,如果需要将仪表所测的水分含量 ppmV 值,换算成带压下的露点值,应按 GB/T 22634—2008《天然气水含量与水露点之间的换算》进行。

在现场也可按下面的简易算法进行可粗略估算。

$$E_{S0} = \frac{P_0}{P_1} \times E_{S1}$$ （10.1）

式中　E_{S0}——标准大气压下的水蒸气分压;

　　　P_0——标准大气压($1.01 \times 10^5 Pa$);

　　　P_1——实际的压力;

　　　E_{S1}——水(或冰)的饱和蒸气压值(带压下)。

露点温度(℃)与饱和水蒸气压(Pa)、体积百万分比(ppmV)对照表见表 10.1。

例 10.1　如果常压下仪表所测的水分含量为 8.1 ppmV,露点为 − 62 ℃,求 25 MPa 压力下的露点。

解:查表 10.1,对应的饱和蒸气压为 0.823 473 Pa,记作 E_{S0}。P_0 为标准大气压($1.01 \times 10^5 Pa$),P_1 为实际压力,25 MPa。根据式(10.1)可以计算出 E_{S1} 水(或冰)的饱和蒸气压值(带压下),然后再查表 10.1,即可得出 25 MPa 压力下的露点值。

$$E_{S0} = \frac{P_0}{P_1} \times E_{S1}$$

$$0.823\ 473\ \text{Pa} = \frac{1.01 \times 10^5\ \text{Pa}}{250 \times 10^5\ \text{Pa}} \times E_{S1}$$

$$E_{S1} = 205.868\ \text{Pa}$$

查表 10.1 得到 25 MPa 压力下的露点值约为 −13 ℃。

表 10.1　露点温度(℃)与饱和水蒸气压(Pa)、体积百万分比(ppmV)对照表

露点/℃	饱和水蒸气压/Pa	体积比/ppmV	露点/℃	饱和水蒸气压/Pa	体积比/ppmV
0	611.153	6 068	−28	46.739 3	461.5
−1	565.675	5 584	−29	42.174 8	416.4
−2	517.724	5 136	−30	38.023 8	375.4
−3	475.068	4 721	−31	34.252 1	338.2
−4	437.488	4 336	−32	30.827 7	304.3
−5	401.779	3 981	−33	27.721 4	273.7
−6	368.748	3 653	−34	24.905 9	245.9
−7	388.212	3 349	−35	22.356 3	220.7
−8	310.001	3 069	−36	20.049 4	197.9
−9	283.995	2 811	−37	17.964 0	177.3
−10	259.922	2 572	−38	16.080 5	158.7
−11	237.762	2 352	−39	14.380 9	141.9
−12	217.342	2 150	−40	12.848 5	126.8
−13	198.538	1 963	−41	11.468 5	113.2
−14	181.233	1 792	−42	10.226 5	100.9
−15	165.319	1 634	−43	9.110 11	89.92
−16	150.694	1 489	−44	8.107 36	80.02
−17	137.263	1 357	−45	7.207 63	71.14
−18	124.938	1 235	−46	6.401 14	63.18
−19	113.634	1 123	−47	5.678 94	56.05
−20	103.276	1 020	−48	5.034 31	49.67
−21	93.790 4	926.5	−49	4.455 56	43.97
−22	85.110 4	840.7	−50	3.940 17	38.89
−23	77.173 5	762.2	−51	3.480 56	34.35
−24	69.921 7	690.6	−52	3.071 18	30.31
−25	63.300 8	625.1	−53	2.706 80	26.71
−26	57.260 7	565.4	−54	2.382 96	23.52
−27	51.754 6	511.0	−55	2.095 42	20.68

续表

露点/℃	饱和水蒸气压/Pa	体积比/ppmV	露点/℃	饱和水蒸气压/Pa	体积比/ppmV
-56	1.840 42	18.16	-66	0.469 514	4.634
-57	1.614 52	15.93	-67	0.406 613	4.013
-58	1.414 63	13.96	-68	0.351 650	3.471
-59	1.237 97	12.22	-69	0.303 688	2.997
-60	1.082 03	10.68	-70	0.261 892	2.585
-61	0.944 545	9.322	-71	0.225 521	2.226
-62	0.823 473	8.127	-72	0.193 916	1.914
-63	0.716 990	7.076	-73	0.166 491	1.643
-64	0.623 457	6.153	-74	0.142 728	1.409
-65	0.541 406	5.343	-75	0.122 168	1.206

10.2 湿度测量方法和湿度计的类型

测量湿度的方法、仪器和湿敏元件种类繁多,仅从它们所依据的原理来划分就不下二、三十种。湿度测量仪器从早期的毛发湿度计、干湿球湿度计、露点湿度计,发展到当代利用各种物质吸收水分时电性能(如电阻、电容、频率等)的变化而设计的各种湿度计,以及利用湿空气光学特性的红外、激光吸收湿度计。

工业在线分析常用的微量水分仪主要有以下 5 种类型:

①电解式微量水分仪。

②电容式微量水分仪。

③压电晶体振荡式微量水分仪。

④半导体激光式微量水分仪。

⑤近红外漫反射式(光纤式)微量水分仪。

电容式和光纤式可用于气体和液体,其他只能用于气体。

在工业生产过程中,控制物料中的水分含量具有重要的作用。例如,在一些聚合反应过程中,若原料中含有一定的水分,就会大大降低聚合产品的性能。在乙烯裂解分离过程中,如果裂解气中含有微量水分,在深冷分离工序就会造成设备冻裂停产的重大事故。在很多场合,微量水分对催化剂具有毒性,若不除去就会使催化剂中毒失效,如聚乙烯、聚丙烯聚合反应中,要求进料含水量 <1 ppm,否则催化剂活性降低,会造成产品变色。在石油炼制过程中,物料的水分含量也个重要的因素,将会直接影响产品质量和设备的安全运转。某些气体如氯化氢、氯气等,其中存在水分会产生很强的腐蚀作用,因此微量水分的测量及控制对许多生产过程是必不可少的。

在天然气管道输送中,如果含有水分,当环境温度低于管输压力下的水露点温度时,天然气就可能凝析出游离水,游离水可能会产生以下不利影响:

①降低天然气的热值和管输能力。

②引起流动条件的不稳定,从而带来了天然气的计量误差。

③加速酸性组分对设备和管道的腐蚀。

④液体进入压缩机可能破坏压缩机,造成事故。

⑤与天然气形成水合物,严重时堵塞管道、设备、阀门等,影响平稳供气和生产装置正常运行。

在线测量天然气水露点的方法,目前大多是采用在线微量水分仪测得天然气中的水分含量,通过计算转换为管输压力下的水露点温度。

10.3　电解式微量水分仪

10.3.1　测量原理和特点

(1)测量原理

电解式微量水分仪又名库仑法电解湿度计,它建立在法拉第电解定律基础之上,广泛应用于气体中微量水分的测量,测量范围通常为 1 ~ 1 000 μL/L(1 ~ 1 000 ppmV)。它是一种采用绝对测量方法的仪器,能达到很低的测量下限。

电解式微量水分仪的主要部分是一个特殊的电解池,池壁上绕有两根并行的螺旋形铂丝,作为电解电极。铂丝间涂有水化的五氧化二磷(P_2O_5)薄层。P_2O_5 具有很强的吸水性,当被测气体经过电解池时,其中的水分被完全吸收,产生偏磷酸溶液,并被两铂丝间通以的直流电压电解,生成的 H_2 和 O_2 随样气排出,同时使 P_2O_5 复原。反应过程如下:

$$吸湿:\qquad P_2O_5 + H_2O \longrightarrow 2HPO_3$$

$$电解:\qquad 4HPO_3 \longrightarrow 2H_2\uparrow + O_2\uparrow + 2P_2O_5$$

在电解过程中,产生电解电流。根据法拉第电解定律和气体状态方程可导出,在一定温度、压力和流量条件下,产生的电解电流正比于气体中的水含量。测出电解电流的大小,即可测得水分含量。

法拉第电解定律的表达式为:

$$m = \frac{M}{nF} \times It \qquad\qquad (10.2)$$

式中　m——被电解的水的质量,g;

　　　M——H_2O 的摩尔质量(克分子量),$M(H_2O) = 18.02$ g;

　　　n——电解反应中电子变化数,$n = 2$;

　　　F——法拉第常数,96500C(1C = 1 A·s,即 1 库仑 = 1 安培·秒);

　　　I——电解电流,A;

　　　t——电解时间,s。

被电解的水蒸气的体积可由下式求得:

$$V = \frac{22.4 \times \dfrac{TP_0}{T_0 P}}{nF} \times It \tag{10.3}$$

式中　V——被电解的水蒸气的体积,L;

　　　22.4——1 摩尔气体在标准状态(0 ℃,101 325 Pa)下的体积为 22.4 L;

　　　T_0——273.15 K,即 0 ℃;

　　　T——电解温度;

　　　P_0——标准大气压,101 325 Pa;

　　　P——电解池的压力。

当 $T = 20$ ℃,$P = P_0$ 时,由式(10.3)可计算出被电解的水蒸气的体积为:

$$V = \frac{22.4 \times \dfrac{273.15 + 20}{273.15}}{2 \times 96\,500} \times It = 0.000\,124\,56 \times It(L) = 124.56 \times It(\mu L)$$

当 $I = 1$ A,$t = 1$ s 时,$V = 124.56$ μL,即 1 库仑电量可电解 124.56 μL 的水蒸气。

若样品为 100% 的水蒸气,其流量为 100 mL/min = 100 000 μL/60 s = 1 666.67 μL/s,则将其完全电解所需的电流强度为:

$$I = \frac{1\,666.67}{124.56} \times 1\,C \times 1\,s = 13.38\,A$$

以上是样品为 100% 的水蒸气的情况,若样品含水量为 c ppmV(μL/L),则

$$\frac{100\%}{c\,\text{ppmV}} = \frac{13.38\,A}{I}$$

解得 $I = 13.38$ μA,即在 1 个大气压下,系统温度为 20 ℃,被测气样以 100 mL/min 的流量流经电解池,当气样含水量 c 为 1 ppmV 时,电解电流为 13.38 μA。

当通入的气体流量不变时,电解电流与气体中水分的绝对含量有精确的线性关系:

$$I = kc \tag{10.4}$$

式中　I——电解电流,μA;

　　　k——比例系数 μA/μL,当 $T = 20$ ℃,$P = 1$ 个大气压时,$k = 13.4$ μA/μL;

　　　c——气体中水分的绝对含量,μL(或 ppmV)。

若温度、压力不变,流量由 100 mL/min 变为 F′ mL/min,则 k′可由式(10.4)求得:

$$\frac{F'}{100} = \frac{k'}{13.4} \tag{10.5}$$

若温度、压力变化时,可通过理想气体状态方程对流量加以修正,然后带入式(10.5)计算 k'。

(2)特点

①电解式微量水分仪的测量方法属于绝对测量法,电解电量与水分含量一一对应,微安级的电流很容易由电路精确测出,所以其测量精度高,绝对误差小。由于采用绝对测量法,测量探头一般不需要用其他方法进行校准,也不需要现场标定。

②电解池的结构简单,使用寿命长,并可以反复再生使用。

③测量对象较广泛,凡在电解条件下不与五氧化二磷起反应的气体均可测量。

10.3.2　仪器构成和主要性能指标

(1)仪器的构成

电解式微量水分仪由检测器和显示器两部分构成,检测元件为电解池。

电解池由芯管(棒)、电极和外套管三个主要部分组成,有两种结构形式,一种是外绕式,在一根绝缘芯棒上,加工两条有一定距离的螺旋槽,沿槽绕以铂丝电极,电极间涂以 P_2O_5 水溶液,芯棒外面套上外套管。外套管内径应尽量小,使其与芯棒间距小些,以避免产生水分吸收不完全现象,如图 10.2(a)所示。

另一种是内绕式,把两根铂丝电极绕制在直径 0.5～2 mm 的绝缘芯管内壁上,管子长度为几十厘米,两根铂丝电极间的距离一般为十分之几毫米,铂丝直径一般取 0.1～0.3 mm。在管子内壁涂上一定浓度的 P_2O_5 水溶液。为使涂层黏附牢固,可加一定润湿剂。做成的管子切成一定长度,装入外套管中,并接上样品进、出管接头和电极引线,即成为完整的电解池,如图 10.2(b)所示。

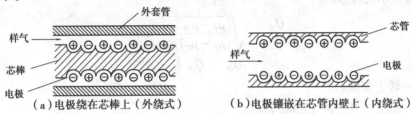

（a）电极绕在芯棒上（外绕式）　　　（b）电极镶嵌在芯管内壁上（内绕式）

图 10.2　电解池的结构示意图

电解池的长度应满足对被测气体中的水分达到完全吸收。电解池一般采用不锈钢管内部抛光或内衬玻璃管,也可采用聚四氟乙烯管制作。

(2)主要性能指标

以某公司生产的电解式微量水分仪为例,其主要性能指标如下。

①测量范围:0～1 000 ppmV,可扩展至 0～2 000 ppmV。

②基本误差:仪表读数的 ±5%(<100 ppmV 时)。

③仪表读数的 ±2.5%(>100 ppmV 时)。

④响应时间:T_{63}<60 s。

⑤样品温度:常温。

⑥压力:0.1～0.3 MPa。

⑦流量:100 mL/min(0～1 000 ppmV 量程);50 mL/min(0～2 000 ppmV 量程)。

(3)测量对象和不宜测量的气体

电解式微量水分仪的测量对象为:空气、氮、氢、氧、一氧化碳、二氧化碳、天然气、惰性气体、烷烃、芳烃等,混合气体及其他在电解条件下不与 P_2O_5 起反应的气体。

下述气体不宜用电解式微量水分仪进行测量:

①不饱和烃(芳烃除外):会在电解池内发生聚合反应,缩短电解池使用寿命。

②胺和铵:会与 P_2O_5 涂层发生反应,不宜测量。

③乙醇:会被 P_2O_5 分解产生 H_2O 分子,引起仪表读数偏高。

④F_2、HF、Cl_2、HCl：会与接触材料发生反应,造成腐蚀(可选用耐相应介质腐蚀的专用型湿度仪)。

⑤含碱性组分的气体。

10.3.3 影响测量精度的主要因素

影响电解式微量水分仪测量精度的因素主要有 3 个:样气流量、系统压力和电解池的温度。

(1)样气流量

由电解式微量水分仪测量原理的讨论中可知,当通入的样气流量不变时,电解电流与水分的绝对含量有精确的线性关系,当流量发生波动时,必然会影响测量精度。因此,在电解式微量水分仪气路系统的设计中,应确保样气压力的稳定和流量的恒定。

转子流量计出厂时,其刻度一般是用空气或水标定的。如果实际测量介质和标定介质不同,当密度相差不大时,则有:

$$\frac{Q_{实}}{Q_{刻}} = \sqrt{\frac{(\rho_f - \rho_介)\rho_0}{(\rho_f - \rho_0)\rho_介}} = K$$

$$Q_{实} = Q_{刻} K \tag{10.6}$$

式中 ρ_f——转子密度;

      ρ_0——标定介质(空气或水)密度;

      $\rho_实$——被测介质密度;

      $Q_实$——实际流量;

      $Q_刻$——刻度流量;

      K——流量校正系数。

(2)系统压力

电解式微量水分仪的测量结果,是根据法拉第电解定律和理想气体状态方程导出的,若大气压力为 760 mmHg,流量为 100 mL/min,仪表读数为 C_0,则当大气压力为 P、样气流量为 Q 时,仪表读数 C 可按式(10.7)进行修正:

$$C = C_0 \times \frac{760}{P} \times \frac{100}{Q}(ppmV) \tag{10.7}$$

如需扩大仪表量程,按照式(10.7)只需减小流量 Q 即可。设所在地区 $P = 760$ mmHg,流量减小为 50 mL/min,则 $C = 2C_0$,即将量程扩大两倍,当 $C_0 = 1\ 000$ ppmV 时,$C = 2\ 000$ ppmV。其他情况可依此类推,但工业在线测量情况下,流量不可太小,以免引起响应时间滞后和流量控制不稳定等现象。

如需进一步扩大测量范围,可在仪表前设干、湿气体配比混合装置,即将样品视为湿气,另配一路干气,两者按一定比例混合后,其水分含量按相应的比例降低。如干、湿气体配比为2:1,则水含量降至原来的 1/3,所以,测量结果应为仪表读数乘以 3。

(3)电解池温度

因为温度变化会影响样气的密度、P_2O_5 的电阻率和电解池的导电系数,从而造成不可忽视的测量误差,所以电解池应当恒温。

10.4　电容式微量水分仪

10.4.1　测量原理

图 10.3(a)所示是由含水介质构成的平行板电容器,其等效电路如图 10.3(b)所示。R 是随水分含量而变化的电阻,水分含量越大,R 值越小,反之则越大;C 为与水分含量有关的电容,其值随水分的增大而增大。

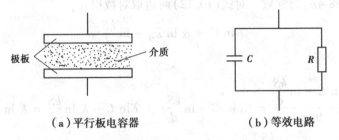

（a）平行板电容器　　　　（b）等效电路

图 10.3　平行板电容式水分传感器及其等效电路

当忽略电容的边缘效应时,平行板电容器电容的计算公式为:

$$C = \frac{\varepsilon S}{d} = \frac{\varepsilon_0 \varepsilon_r S}{d} \tag{10.8}$$

式中　C——传感电容;

　　　S——单块极板的面积;

　　　d——两极板间的距离;

　　　ε——介质的介电常数;

　　　ε_0——真空介电常数,$\varepsilon_0 = \dfrac{1}{3.6\pi}\text{pF/cm} = 0.088\,4\ \text{pF/cm}$;

　　　ε_r——介质的相对介电常数,有:

$$\varepsilon_r = \frac{\varepsilon}{\varepsilon_0} \tag{10.9}$$

从式(10.8)可见,当电容器的尺寸确定之后,传感电容 C 的大小取决于介质的相对介电常数 ε_r。

根据电介质物理学理论,通常对于两种成分的混合介质而言,可将其相对介电常数写成一般表达式:

$$\varepsilon_r = \varepsilon_{r1}^{\alpha} \varepsilon_{r2}^{1-\alpha} \tag{10.10}$$

式中　ε_{r1}——第一种介质(水)的相对介电常数;

　　　ε_{r2}——第二种介质(背景气体)的相对介电常数;

　　　α——水的的体积分数;

　　　$1 - \alpha$——背景气体的体积分数。

则平行板电容器电容的计算公式可写为:

$$C = 0.088\,4 \times \varepsilon_r \frac{S}{d} = 0.088\,4 \times \varepsilon_{r1}^{\alpha}\varepsilon_{r2}^{1-\alpha} \frac{S}{d} \tag{10.11}$$

从式(10.11)可以看出,当电容器的几何尺寸 S、d 一定时,电容量 C 仅和极板间介质的相对介电常数 $\varepsilon_r = \varepsilon_{r1}^{\alpha}\varepsilon_{r2}^{1-\alpha}$ 有关。其中一般干燥气体的相对介电常数 ε_{r2} 为 $1.0 \sim 5.0$,水的相对介电常数 ε_{r1} 为 80(在 $20\ ℃$ 时),比 ε_{r2} 大得多。所以,样品的相对介电常数主要取决于样品中的水分含量,样品相对介电常数的变化也主要取决于样品中水分含量的变化。当样品中含有微量水分时,$1-\alpha \approx 1$,此时式(10.11)变为:

$$C = 0.088\,4 \times \varepsilon_{r1}^{\alpha}\varepsilon_{r2} \frac{S}{d} \approx k\varepsilon_{r1}^{\alpha} \frac{S}{d} \tag{10.12}$$

式中 $k = 0.088\,4\varepsilon_{r2}$ 为常数。对式(10.12)两边取对数得:

$$\ln C = \alpha \ln \varepsilon_{r1} + \ln \frac{kS}{d} \tag{10.13}$$

所以:

$$\alpha = \frac{\ln C - \ln \dfrac{kS}{d}}{\ln \varepsilon_{r1}} = K(\ln C - \ln \frac{kS}{d}) = K\ln C - K\ln \frac{kS}{d} = K\ln C - n \tag{10.14}$$

式中 $K = \dfrac{1}{\ln \varepsilon_{r1}}$,$n = K\ln \dfrac{kS}{d}$,均为常数。从式(10.14)可见,气体中的水分含量 α(体积分数)与传感电容 C 的对数呈线性关系,电容式微量水分仪就是依据这一原理工作的。

10.4.2　氧化铝湿敏传感器

(1)结构

平行板电容式水分测量探头如图 10.4 所示。

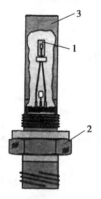

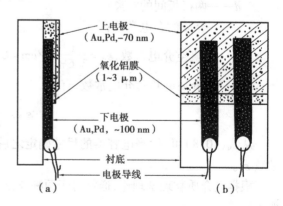

图 10.4　平行板电容式水分测量探头外观图
1—传感器;2—安装架;3—保护外壳

图 10.5　氧化铝湿敏传感器结构示意图
(a)侧视图　(b)俯视图

氧化铝湿敏传感器的结构如图 10.5 所示。在硼硅玻璃或蓝宝石衬底上,用喷涂法或真空镀膜法制下金电极,再用喷镀发或溅射法生成一层多孔氧化物薄膜,然后在此薄膜上用喷涂法制作上金电极,为了让水蒸气顺利通过,金电极厚度在 700 mm 左右。电极的导线采用细铜线或细金线,用银导电漆点粘在电极上。

氧化铝湿敏传感器的核心部分是吸水的氧化铝层。研究结果并经高分辨率电子显微照片证实,氧化铝层布满相互平行且垂直于其平面的管状微孔,它从表面一直深入氧化铝层的底部,微孔的大小差不多是相同的,并且近于均布,如图 10.6 所示。

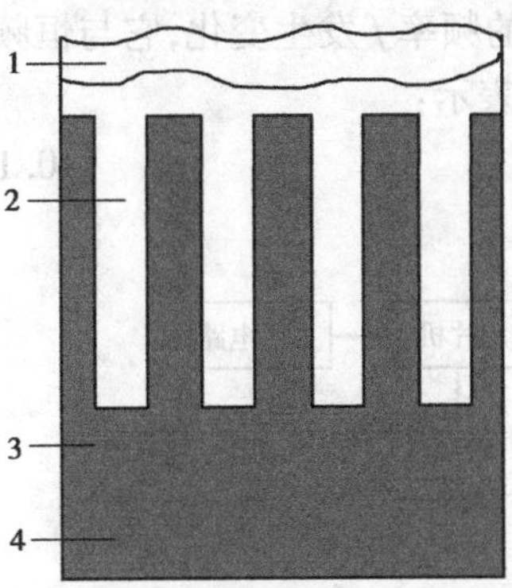

图 10.6　氧化铝湿敏传感器
剖面示意图

1—电极;2—毛细微孔;
3—氧化铝层;4—衬底

由上可见,多孔氧化铝层具有很大的比表面积,对水气具有很强的吸附能力,而其结构的规律性则为制造规格一致、性能稳定的氧化膜提供了可能性。

(2)特点

氧化铝湿敏传感器的优点如下:

①体积小、灵敏度高(露点测量下限达 −110 ℃)、响应速度快(一般在 0.3 ~3 s)。

②样品流量波动和温度变化对测量的准确度影响不大,样品压力变化对测量有一定影响,须进行压力补偿修正。

③它不但可以测量气体中的微量水分,还可以测量液体中的微量水分。

氧化铝湿敏传感器有以下缺点:

①探头存在"老化"现象,需要经常校准。氧化铝探头的湿敏性能会随着时间的推移逐渐下降,这种现象称为"老化"。其原因有多种解释,为解决老化问题,各国的研究人员做过各种各样的尝试,但都未能从根本上解决"老化"问题。目前的唯一办法是定期校准,一般是一年左右校准一次,有时需半年甚至三个月校准一次。(由于水分含量和电容量之间并不呈线性关系,校准曲线并非是一条直线,校准时一般需要校 5 个点。)

②零点漂移会给应用带来一些困难和问题。传感器由于储存条件或环境条件不同会引起校准曲线位移,也就是说,传感器的校准曲线随条件(主要是湿度)而变。在实际测量中表现为对于同一湿度,若传感器储存条件不固定,则测量结果重复性差;使用时的条件与校准时的条件不同将会产生相当大的误差。

③对极性气体比较敏感,在测量中应注意极性物质的干扰,这是方法本身固有的缺点。此外,氧化铝湿敏传感器对油脂的污染也比较敏感。

10.4.3　测量电路

电容式微量水分仪的测量电路主要包括电容参量变换器和测量放大电路。常用的电路有阻抗电桥、差频电路、高频谐振电路和复阻抗分离电路四种。下面对其中常用的两种作简要介绍。

(1)差频测量电路

差频测量方法是调频型水分仪中常用的一种方法。为了提高仪器的测量精度,通常采用高频差频电路,它可以避免电源波动和放大器漂移等形成的计量误差。它将频率转换数字量作为电容传感器计量过程的中间参量,可直接与微处理器接口相连接,具有灵敏度高、稳定性好等特点。

差频测量电路的原理框图如图 10.7 所示。高频振荡器由电容式水分传感器调频的 LC 高频振荡电路构成;恒频振荡器一般采用带石英晶体的振荡电路,具有极高的频率稳定性。当物料水分变化时会引起传感器电容的变化,从而使高频振荡器的频率 f 发生变化,它与恒频振荡器的固定频率 f_0 一起送入差频电路后产生差频信号,可用式表示:

$$f_x = \Delta f = f_0 - f \tag{10.15}$$

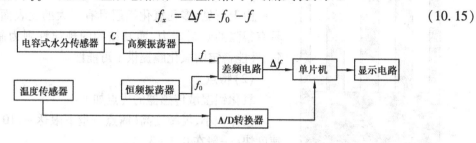

图 10.7　差频测量电路的原理框图

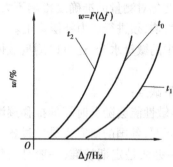

图 10.8　物料水分-差频曲线
t_0—标定温度;t_1—温度下限值;
t_2—温度上限值

用恒重法测出不同温度下的物料水分-差频曲线 $w = F(\Delta f)$,如图 10.8 所示。将标准曲线固化在单片机的存储器中,由单片机通过测定差频 Δf 和物料温度 t,经过线性插值法和查表法得出水分值。

(2)高频谐振测量电路

高频谐振测量电路是直接利用传感电容调频的 LC 振荡器产生高频信号的,当传感器未加载时,振荡频率为 f_0;当传感器加载时,振荡频率为 f,显然其频率差也可用式(10.15)表示。

图 10.9 为一高频谐振测量电路的原理框图。振荡器的频率信号经限幅放大整形分频后送入单片机中,由单片机测出输频率值,并经过线性插值法和查表法等运算转换成水分值。

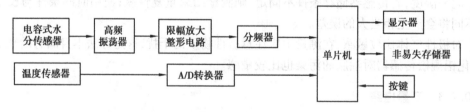

图 10.9　高频谐振测量电路的原理框图

10.4.4　样品处理系统

(1)气相微量水分仪的样品处理系统

图 10.10 是电容式气相微量水分仪样品处理系统的典型流路图。图中的微量水分传感探头和样品处理系统装在不锈钢箱体内,用带温控的防爆电加热器加热。箱子安装在取样点近旁,样品取出后由电伴热保温管线送至箱内,经减压稳流后送给探头检测,两个转子流量计分别用来调节和指示旁通流量和检测流量,检测流量计带有电接点输出,当样品流量过低时会发出报警信号。

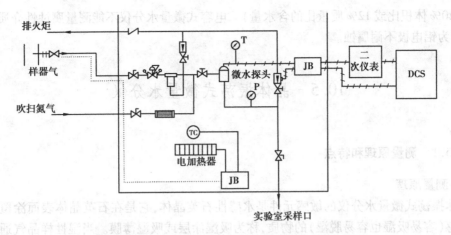

图 10.10　电容式气相微量水分仪样品处理系统流路图
JB—接线箱　T—温度计　P—压力表　TC—温控器

（2）液相微量水分仪的样品处理系统

图 10.11 是电容式液相微量水分仪样品处理系统的流路图。

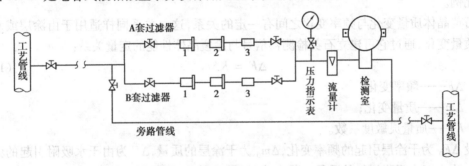

图 10.11　电容式液相微量水分仪样品处理系统流路图
1—玻璃纤维过滤器；2—20 μm 烧结金属过滤器；3—7 μm 烧结金属过滤器

电容式微量水分仪的探头对样品的纯净度要求较高，实际工艺液样中往往含微粒杂质较多，如果仅使用 1 个 7 μm 的烧结金属过滤器，短期内滤芯就会被堵塞，换成大容量的过滤器会带来大的滞后。图 10.11 中采取了以下措施：

①用多级过滤器配置，按照微粒杂质的粒径大小分级过滤，以减轻最后一级 7 μm 烧结金属过滤器的负担。

②设置 A、B 两套过滤器切换使用，保证在清洗过滤器时不停止对样品的检测。

③旁通回路入口选在过滤器之前的样品管路中，使大部分液样流入旁路，这样可大大减少过滤器的过滤量。

由于液体样品的流速较慢，应适当加大样品传输管线的管径及快速旁通回路的流量，以保证及时检测，防止滞后。

10.4.5　应用场合

电容式微量水分仪的测量对象和测量范围是十分广泛的，不仅可测气体中的水分含量，也可测液体中的水分含量；不仅可测微量水分，也可测常量水分（最高可测量到 60 ℃露点湿度，

161

相当于20%体积比或12%质量比的含水量)。电容式微量水分仪不能测量腐蚀性介质的水分含量,因为铝电极不耐腐蚀。

10.5 晶体振荡式微量水分仪

10.5.1 测量原理和特点

(1)测量原理

晶体振荡式微量水分仪的敏感元件是水感性石英晶体,它是在石英晶体表面涂覆了一层对水敏感(容易吸湿也容易脱湿)的物质,称为吸湿涂层或吸湿薄膜。当湿性样品气通过石英晶体时,石英表面的涂层吸收样品气中的水分,使晶体的质量增加,从而使石英晶体的振荡频率降低。然后通入干性样品气,干性样品气萃取石英涂层中的水分,使晶体的质量减少,从而使石英晶体的振动频率增高。在湿气、干气两种状态下振荡频率的差值,与被测气体中水分含量成比例。

石英晶体质量变化与频率变化之间有一定的关系,这一关系同样适用于由涂层或水分引起的质量变化,通过它可建立石英检测器信号与涂覆晶体性能的定量关系:

$$\Delta F = K\Delta m \tag{10.16}$$

式中 ΔF——频率变化;

Δm——质量变化;

K——质量灵敏度系数。

设 ΔF_0 为干涂层引起的频率变化,Δm_0 为干涂层的质量,ΔF 为由于水吸附引起的频率变化,Δm 为由于水吸附增加的质量。代入式(10.16)并整理后可得到:

$$\Delta F = \frac{\Delta m}{\Delta m_0}\Delta F_0 \tag{10.17}$$

通过式(10.17),可知石英晶体传感器的灵敏度和选定的吸湿物质相关,其校正方程可通过具体采用的吸湿物质的校正曲线获得。

(2)石英晶体传感器

频率为9 MHz 的石英晶体(AT 切割)最常采用的形状有圆形、正方形和矩形。图10.12是一种圆形石英晶体传感器的结构图。圆形石英晶体的直径为10~16 mm,厚度为0.2~0.5 mm。将金、镍、银或铅等金属镀在石英片表面上作为电极。如果分析对象是腐蚀性气体,则只能用惰性金属。标准的电极吸湿涂层面积直径在3~8 mm,厚度为300~1 000 nm。用吸水物质涂覆的晶体频率变化一般能达到5~50 kHz。通过计算可知,9 MHz 石英晶体的质量灵敏度系数大约为400 Hz/μg。

石英晶体的吸湿涂层可以采用分子筛、氧化铝、硅胶、磺化聚苯乙烯和甲基纤维素等吸湿性聚合物,还可采用各种吸湿性盐类。

(3)特点

①石英晶体传感器性能稳定可靠,灵敏度高,可达0.1 ppmV。测量范围为0.1~2 500 ppmV,在此范围内可自定义量程。精度较高,在0~20 ppmV 范围测量误差为±1

ppmV，>20 ppmV 时为仪表读数的 ±10%。重复性误差为仪表读数的 5%。

②反应速度快，水分含量变化后，能在几秒内做出反应。

③抗干扰性能较强。当样气中含有乙二醇、压缩机油、高沸点烃等污染物时，仪器采用节省传感器模式，即通样品气 30 s，通干燥气 3 min，可在一定程度上降低污染，减少"死机"现象（根据国内使用经验，仍需配置完善的过滤除雾系统，并加强维护）。

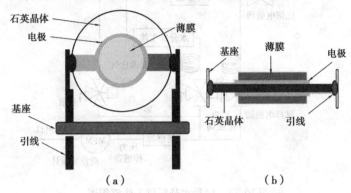

图 10.12　一种圆形石英晶体传感器的结构图

(a)正视图；(b)俯视图

10.5.2　系统组成和工作过程

现以某公司在线微量水分仪为例进行介绍。

(1)系统组成

分析仪由石英晶体振荡器、水分发生器、干燥器、压力传感器、质量流量计、电磁阀和电子部件组成。此外，还配备有样品处理用的液体捕集器、脏污捕集器、微米过滤器和背压调节器等。分析仪系统流路图如图 10.13 所示。

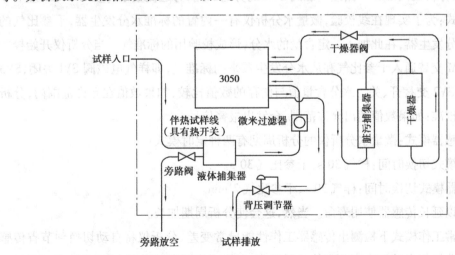

图 10.13　微量水分仪系统流路图

(2)工作过程

微量水分析仪的核心部件是石英晶体传感器 QCM，其工作频率在 8.8 ~ 9.0 MHz 范围内。

分析仪的工作流程如图 10.14 所示,它有 3 种工作模式。

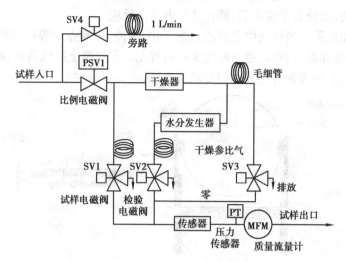

图 10.14　微量水分析仪工作流程图

①正常工作模式:样气经电磁阀 PSV1 先进入分子筛干燥器脱水,脱水后的样气称为干参比气,其水分含量 <0.025 ppmV。干参比气再经电磁阀 SV3 至传感器 QCM,然后通过质量流量计 MFM 排出;紧接着 SV3 阀关闭,样气电磁阀 SV1 打开,样气经传感器 QCM 和质量流量计 MFM 排出。在一个周期内交替测出样气和干参比气通过时传感器谐振频率的差值,即可求得样气的水分含量。水分含量与频率差值的标定数据存储在传感器电路模件的存贮器中。

图 10.14 中的质量流量计用于监视流过 QCM 的流量,通过调整比例电磁阀 PSV1 使样气流量保持在 150 mL/min。压力传感器 PT 用于监视排放压力,排放压力为 0～0.1 MPa。为了减小测量滞后,分析仪内部有一路经电磁阀 SV4 的旁通回路,旁通流量维持在 1 L/min 左右。

②校验模式:为了实现在线校验,微量水分析仪有一内置的标准水分发生器,干参比气的一部分流经水分发生器,在此加入一定含量的水分,形成校验用的标准气。当分析仪开始校验时,传感器 QCM 交替通入干参比气和从水分发生器来的标准气,即样气电磁阀 SV1 关闭,SV3 和校验电磁阀 SV2 交替开、关。水分含量值与储存的数值比较,如果数值在允许范围内,分析仪会自动调整校准;如果数值超出允许范围,会发出报警信号。

③节省传感器模式:微量水分析仪的分析周期有两种定时模式:

正常工作模式切换时间:样气 30 s,干参比气 30 s。

节省传感器模式切换时间:样气 30 s,干参比气 2 min。

该模式可以延长传感器使用寿命。当然,这会使分析周期加长。

如果在正常工作模式下检测出传感器工作性能异常变差,分析仪将自动切换到节省传感器模式。一旦分析仪自动切换到节省传感器模式,它将不能回到原有模式,这意味着再经过一段时间的运行,如果传感器性能再变差就要更换了。

10.5.3   校准

本节介绍的晶体振荡式微量水分仪内带有标准水分发生器,可在现场迅速方便地对仪器加以校验,简化了微量水分仪的校验步骤。该发生器置于恒温炉中,发生器内有蒸馏水和渗透管,如图 10.15 所示。经过干燥的样气流经渗透管,带走经渗透管渗出的定量水分,供仪表校准之用。校准气体的水分含量是炉温、气体流量、渗透管设计尺寸和渗透能力的函数,气体流量由一台控制器加以控制。标准水分发生值:常规约 20 ppmV,低值约 3 ppmV。

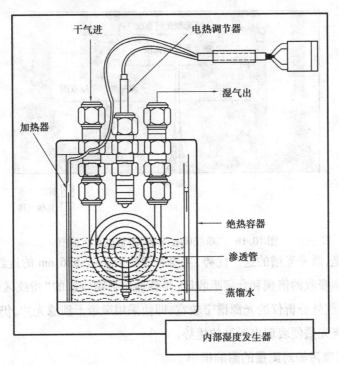

图 10.15   晶体振荡式微量水分仪内置标准水分发生器

10.6   半导体激光式微量水分仪

10.6.1   半导体激光气体分析仪的技术特点和优势

半导体激光气体分析仪是根据气体组分在近红外波段的吸收特性,采用半导体激光光谱吸收技术进行测量的一种光学分析仪器。其技术特点和优势在于:

(1)单线吸收光谱,不易受到背景气体的影响

传统非色散红外光谱吸收技术采用的光源谱带较宽,在近红外波段,其谱宽范围内除了被测气体的吸收谱线外,还有其他背景气体的吸收谱线。因此,光源发出的光除了被待测气体的多条吸收谱线吸收外还被一些背景气体的吸收谱线吸收,从而导致测量误差。

而半导体激光吸收光谱技术中使用的激光谱宽小于 0.000 1 nm,为红外光源谱宽的 $10^{-6} \sim 10^{-5}$,远小于被测气体一条吸收谱线的谱宽。例如,经计算,在 2 000 nm 波长处,3 MHz 激光线宽相当于 4×10^{-5} nm,而红外分析仪使用的窄带干涉滤光片带宽一般为 10 nm,所以激光线宽是红外带宽的 $4/10^6$。半导体激光气体分析仪首先选择被测气体位于特定频率的某一吸收谱线,通过调制激光器的工作电流使激光波长扫描过该吸收谱线,从而获得如图 10.16 所示的"单线吸收光谱"。

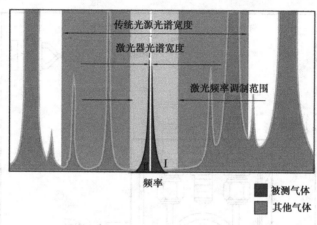

图 10.16 "单线吸收光谱"测量技术示意图

需要说明的是,激光光谱的这一优势,主要表现在 780 ~ 2 526 nm 的近红外波段。近红外波段是中红外基频吸收的倍频和合频吸收区,是各种化合物吸收的"指纹区",吸收谱带密集,交叉和重叠严重,红外分析仪的光源谱带较宽,即使采用窄带干涉滤光片,仍难避开各种干扰,而单线吸收的激光光谱便表现出明显的优势。

(2)粉尘与视窗污染对测量的影响很小

当激光传输光路中的粉尘或视窗污染造成光强衰减时,透射光强的二次谐波信号与直流信号会等比例下降,二者相除之后得到的气体浓度信号,可以克服粉尘和视窗污染对测量结果的影响。实验结果表明粉尘和视窗污染导致光透过率下降到 3% 以下时,仪器的噪声才会显著增大,示值误差随之增大。激光气体分析仪广泛用于烟道气的原位分析而无须进行样品除尘、除湿处理正是基于这一优势。

(3)非接触测量

光源和检测器件不与被测气体接触,只要测量气室采用耐腐蚀材料,即可对腐蚀性气体进行测量。天然气中含有的粉尘、气雾、重烃及其对光学视窗的污染对仪器的测量结果影响很小。

各种干扰气体对不同微量水测量方法影响的比较见表 10.2。

表 10.2   各种干扰气体对不同的测量法影响比较表

干扰性气体	SS 公司激光法	电容法 Al_2O_3			电解法 P_2O_5			石英晶体振荡法		冷镜法	
甲醇	√	*	+	⊕	*	+	⊕	*	⊕	⊕	+
乙二醇	√	*	+	⊕	*	+	⊕	+	⊕	⊕	+
胺	√	*	+	⊕	*	+	⊕	+	⊕	⊕	+
汞	√	●			+			√		√	
H_2S	√	●			●			●		●	
HCl	√	●			+			●		●	
氯气	√	●			+			●		●	
氨	√	●			●			●		●	

注:√——对仪器无影响;+——要求时常校正和清洗仪器;●——会对仪器造成损坏,甚至永远性损坏传感器;
    * ——使传感器反应速度变慢:⊕——会带来不准确的读数。

当采用激光分析仪测量 <5 ppmV 的微量 H_2O 或 H_2S 时,应选择测量气室为海洛特腔或怀特腔的激光分析仪,这种气室通过光线的 30～40 次反射来实现长达 10～30 m 的测量光程,从而使气室的长度和体积大为缩减,可以减轻采用单光程长气室时对 H_2O 或 H_2S 的吸附现象,同时也便于实现气室的恒温、恒压控制,防止样气温度、压力波动造成的测量误差。

目前,测量天然气中水分含量的激光气体分析仪,采用单次反射气室的测量下限仅能达到 5 ppmV,采用多次反射气室的测量下限可以达到 0.1～0.5 ppmV。

10.6.2   典型激光微量水分仪产品

某公司推出激光微量水分仪,测量气室和光学器件如图 10.17 所示,样品处理系统设计方案如图 10.18 所示。典型激光微量水分仪产品与其他类型的微量水分仪相比,具有响应速度快(<2 s),测量精度较高(仪器读数的 ±2%)的优点。激光微量水分仪测量范围为 0～5 000 ppmV,测量下限为 5 ppmV。

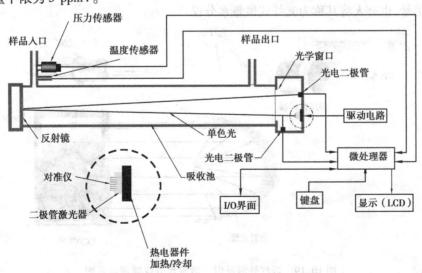

图 10.17   测量气室和光学器件

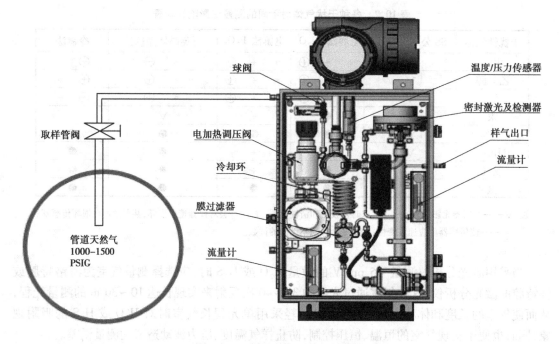

图 10.18　样品处理系统设计方案

10.7　近红外漫反射式（光纤式）微量水分仪

10.7.1　测量原理

　　某公司一种近红外漫反射式微量水分仪的测量光路如图 10.19 所示。由于该仪器用光纤传输光学信号，也有人将其称为光纤式微量水分仪。

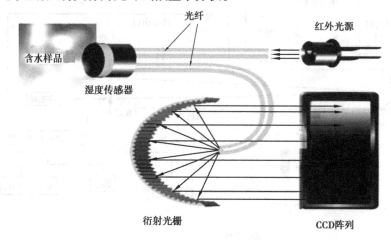

图 10.19　近红外漫反射式微量水分仪原理示意图

　　其中湿度传感器的表面为具有不同反射系数的氧化硅和氧化锆构成的层叠结构，通过特殊的热固化技术,使传感器表面的孔径控制在 0.3 nm。这样分子直径为 0.28 nm 的水分子可以渗入传感器内部。仪器工作时控制器发射出一束 790~820 nm 的近红外光,通过光纤传送给传感器,进入传感器内部的水分子浓度不同,对不同波长的光反射系数就不一样,从而 CCD 检测器检测到的特征波长就不同。实验表明,该特征波长与介质的水分含量有对应关系,分析仪传感器特性曲线如图 10.20 所示。

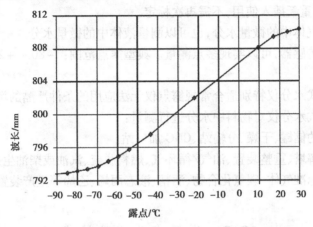

图 10.20　近红外漫反射式微量水分析仪传感器特性曲线

10.7.2　测量系统组成与特点

(1)组成

近红外漫反射式微量水分测量系统由湿度探头、电子单元和组合光纤电缆组成。湿度探头如图 10.21(a)所示,电子单元如图 10.21(b)所示,组合光纤电缆包括两根光纤和一根 PT100 温度检测电缆。

 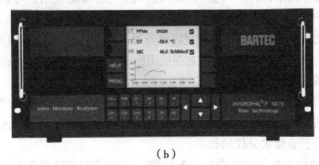

　　(a)　　　　　　　　　　　　　　　(b)

图 10.21　近红外漫反射式水分仪构成部件
(a)湿度探头；(b)电子单元

(2)特点

①采用光纤测量技术:测量信号无干扰,测量数据可靠性、重复性高:由于传感器表面为 0.3 nm 孔径的多微孔结构,只有直径小于 0.3 nm 的分子如水分子(0.28 nm)能够渗入,并且仪器所用的 790~820 nm 的近红外光只对水分子敏感,因而露点测定不受样品中其他组分的干扰。

②无漂移,不需要定期标定:传感器的特殊结构,使得粉尘、油污无法进入传感器内部,不

存在漂移的问题。

③不需取样系统:探头可直接安装于主管道中,避免了取样部件对水分子的吸附,可以更真实地测得管输天然气在压力状态下的水露点,同时也避免了样品排放造成的资源浪费和环境污染。

④维护方便:可方便地将探头拔出来清洗。清洗剂可用酒精或异丙醇,探头抗腐蚀、不老化,清洗完的探头可重新插入使用,不需再次标定。

⑤既可以测量气体中的微量水分,也可以测量液体中的微量水分。

⑥可以带3个传感器,可以实现多点测量。典型露点范围: −80 ~ +20 ℃。

(3)应用场合

近红外漫反射式水分仪特别适合常规露点仪无法应用的条件严酷的场合。以下场合均可应用近红外漫反射式水分仪对物料中水分进行测量:

①天然气行业的储罐、干燥、分输站、CNG 加气站。

②炼油厂的裂解塔、重整装置、油气/循环气、燃料脱硫、汽油或柴油生产装置。

③化工行业的标准气体、碳氢化合物、酒精、液态丙烯、乙烯等生产装置。

10.8 微量水分仪的校准

10.8.1 微量水分仪的校准方法

(1)用标准湿气发生器进行校准

微量水分标准气体不宜压缩装瓶,也不宜用钢瓶盛装和存放,因为很容易出现液化、分层、吸附、冷凝等现象,所以不能从钢瓶气获得,只能现配现用。可以使用标准湿气发生器(采用渗透管配气法、硫酸鼓泡配气法、干湿气混合配气法)进行校准。

将配好的微量水分标准气按规定流量通入仪表,仪表的指示值同标准气的水分含量值之间的误差应符合仪表的精度要求。注意在使用标准气标定前,仪表的本底值必须降到规定数值以下。

(2)用高精度湿度计进行校准

用高精度的湿度计作标准仪器与微量水分仪同时测量同一样品的水分含量,两者之间进行比较。常用来进行校准的仪器是冷凝露点湿度计(用于气相水分仪的校准)和卡尔·费休水分仪(用于液相水分仪的校准)。

以上两种方法往往组合在一起使用。渗透管配气法在 2.1.4 节已有讲述,在此不再赘述。下面介绍硫酸鼓泡配气法和干湿气混合配气法。

10.8.2 硫酸鼓泡配气法

(1)配气原理

当硫酸浓度确定后,与其平衡的水蒸气压力符合克拉伯龙—克劳修斯关系式:

$$\lg p = A - \frac{B}{T} \tag{10.18}$$

式中 p——硫酸温度为 $T(\text{K})$ 时的水蒸气分压值(mmHg,760 mmHg $=0.101$ MPa)。

系数 $B = \dfrac{L}{2.303R}$，R 为气体常数，L 为硫酸中水的摩尔蒸发潜热，随硫酸的浓度和温度而变化。A、B 既可从一般的分析手册中查到，也可以用经验公式表示：

$$A = 22.931\,6 - 10.51c \qquad (10.19)$$
$$B = 2.458 + 466.7c \qquad (10.20)$$

式中　c——硫酸的质量分数。

这样一旦硫酸的浓度和温度确定了，其饱和水分压也就可知了。

硫酸鼓泡器如图 10.22 所示。进气口为分析样品的底气入口，例如要制取高纯氮中痕量水时，进气口的气体为高纯氮。当氮气流量在 $20 \sim 200$ mL/min 范围内，N_2 含水量基本平衡。

根据气体分压定律，通过鼓泡器的气体中的水值仅是硫酸浓度和温度的函数，不受气体种类的限制。如在同样条件下通入 H_2 或 H_2S 气体，其含水值与测定结果是一致的。

在表 10.3 中，给出了 760 mmHg（0.101 MPa）时不同浓度和温度的饱和水蒸气（10^{-6}）值。

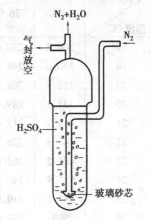

图 10.22　硫酸鼓泡器示意图

表 10.3　通过鼓泡器的气体中的含水值（10^{-6}）

［760 mmHg（0.101 MPa）下，不同浓度的硫酸溶液在不同温度时的饱和水蒸气值（10^{-6}）］

H_2SO_4/% 温度/℃	75.0	76.0	77.0	78.0	79.0	80.0	81.0	82.0	83.0
0	76.4	57.1	43.6	32.8	24.69	18.74	14.11	10.62	8.06
1	83.3	62.6	47.5	35.8	26.94	20.45	15.39	11.59	8.80
2	90.8	68.2	51.8	39.0	29.37	22.30	16.79	12.64	9.59
3	98.8	74.3	56.4	42.5	32.0	24.3	18.29	13.77	10.46
4	107.5	80.8	61.4	46.2	34.84	26.46	19.92	15.01	11.39
5	116.9	87.9	66.8	50.3	37.91	28.79	21.69	16.34	12.41
6	127.1	95.6	72.6	54.7	41.24	31.30	23.59	17.77	13.50
7	138.1	103.8	78.9	59.5	44.82	34.05	26.65	19.33	14.68
8	149.9	112.7	85.7	64.6	48.68	36.97	27.87	21.00	15.95
9	162.7	122.3	93.0	70.1	52.86	40.16	30.27	22.81	17.33
10	176.4	132.7	100.9	76.0	57.34	43.58	32.85	24.76	18.81
11	191.2	143.8	109.3	82.4	62.19	47.26	35.63	26.86	20.41
12	207.1	155.8	118.5	89.3	67.39	51.23	38.62	29.12	22.13
13	224.2	168.7	128.3	96.8	72.99	55.49	41.34	31.55	23.98
14	242.6	182.6	138.8	104.7	79.01	60.01	45.31	34.17	25.98
15	262.3	197.4	150.2	113.3	85.48	65.00	49.03	36.98	28.12
16	283.5	213.4	162.3	122.5	92.45	70.30	53.04	40.01	30.42

续表

H_2SO_4/% 温度/℃	75.0	76.0	77.0	78.0	79.0	80.0	81.0	82.0	83.0
17	306.2	230.6	175.4	132.4	99.90	75.98	57.33	43.25	32.90
18	330.6	248.9	189.4	143.0	107.9	82.09	61.94	46.74	35.55
19	356.7	268.8	204.4	154.3	116.5	88.63	66.89	50.48	38.40
20	334.7	289.8	220.5	166.5	125.7	98.47	72.19	54.50	41.46
21	414.7	312.4	237.8	179.5	135.6	103.15	77.87	58.79	44.73
22	446.8	336.7	256.2	193.5	146.2	111.22	83.96	63.40	48.24
23	481.2	362.6	276.0	203.5	157.5	119.3	90.49	68.33	52.00
24	517.9	390.3	297.1	224.4	169.6	129.1	97.47	73.60	56.03
25	557.1	419.9	319.7	241.5	182.5	138.9	104.9	79.25	60.32
26	599	451.6	343.9	259.8	196.4	149.5	112.9	85.29	64.92
27	643.8	485.4	369.6	279.3	211.1	160.7	121.4	91.75	69.85
28	691.6	521.5	397.2	300.2	226.9	172.8	130.6	98.65	75.11
29	742.6	560.0	426.6	322.4	243.8	185.6	140.3	106.0	80.72
30	797.0	601.1	457.9	346.1	261.7	199.3	150.7	113.9	86.71
31	854.9	644.9	491.3	371.4	280.9	213.9	162.8	122.2	93.09
32	916.7	691.6	526.9	398.4	301.3	229.5	173.5	131.2	99.90
33	982.5	741.3	564.8	427.1	323.1	246.1	186.1	140.7	107.2
34	1 052.4	794.2	605.2	457.2	346.2	263.8	119.5	150.8	114.9
35	1 206.1	850.5	648.2	490.3	370.9	282.6	213.7	161.7	123.2
36	1 290.3	910.4	693.9	524.9	397.2	302.7	228.9	173.1	131.9
37	1 379.8	974.1	742.5	561.8	425.1	324.0	245.1	185.4	141.3
38	1 474.9	1 042	794.2	600.9	454.9	346.6	262.2	198.4	151.2
39	1 474.9	1 114	849.1	642.6	486.4	370.8	280.5	212.2	161.8
40	1 575.9	1 190	907.4	686.8	520.0	396.4	299.9	226.9	173.0

H_2SO_4/% 温度/℃	84.0	85.0	86.0	87.0	88.0	89.0	90.0	91.0	92.0	93.0
0	6.06	4.56	3.46	2.61	1.96	1.49	1.12	0.844	0.641	0.482
1	6.62	4.98	3.79	2.85	2.14	1.63	1.22	0.922	0.701	0.527
2	7.22	5.44	4.13	3.11	2.34	1.78	1.34	1.006	0.765	0.576
3	7.88	5.93	4.50	3.39	2.55	1.94	1.46	1.098	0.835	0.629
4	8.58	6.46	4.91	3.70	2.79	2.11	1.59	1.20	0.911	0.686
5	9.35	7.04	5.35	4.03	3.03	2.30	1.73	1.31	0.992	0.747
6	10.17	7.66	5.82	4.39	3.30	2.51	1.89	1.42	1.08	0.814
7	11.06	8.34	6.33	4.77	3.60	2.73	2.05	1.55	1.18	0.886
8	12.03	9.06	6.89	5.19	3.91	2.97	2.24	1.69	1.28	0.965

续表

H₂SO₄/% 温度/℃	84.0	85.0	86.0	87.0	88.0	89.0	90.0	91.0	92.0	93.0
9	13.06	9.85	7.48	5.64	4.25	3.27	2.43	1.84	1.39	1.05
10	14.18	10.70	8.13	6.12	4.61	3.51	2.64	1.99	1.52	1.14
11	15.39	11.60	8.81	6.64	5.01	3.81	2.87	2.17	1.65	1.24
12	16.69	12.57	9.55	7.21	5.43	4.13	3.12	2.35	1.78	1.35
13	18.09	13.64	10.37	7.82	5.90	4.49	3.38	2.55	1.94	1.46
14	19.57	14.78	11.23	8.47	6.39	4.86	3.66	2.77	2.10	1.08
15	21.21	16.00	12.16	9.18	6.92	5.26	3.97	3.00	2.28	1.72
16	22.95	17.31	13.17	9.93	7.49	5.70	4.30	3.24	2.47	1.86
17	24.82	18.73	14.24	10.74	8.11	6.17	4.65	3.51	2.67	2.01
18	26.83	20.24	15.40	11.62	8.77	6.67	5.03	3.80	2.89	2.18
19	28.98	21.87	16.64	12.56	9.48	7.21	5.44	4.11	3.12	2.36
20	31.29	23.62	17.97	13.56	10.24	7.79	5.89	4.44	3.38	2.55
21	33.77	25.49	19.39	14.64	11.05	8.41	6.35	4.79	3.65	2.75
22	36.42	27.50	20.93	15.80	11.93	9.03	6.85	5.17	3.94	2.97
23	39.26	29.65	22.56	17.04	12.86	9.79	7.39	5.58	4.25	3.21
24	42.30	31.95	24.32	18.36	13.87	10.56	7.97	6.02	4.58	3.46
25	45.56	34.42	26.19	19.79	14.94	11.38	8.59	6.49	4.94	3.73
26	49.04	37.05	28.20	21.31	16.09	12.25	9.26	6.99	5.32	4.02
27	52.77	39.86	30.35	22.93	17.33	13.19	9.97	7.58	5.73	4.38
28	56.75	42.88	32.65	24.67	18.64	14.19	10.72	8.10	6.17	4.66
29	60.99	46.10	35.10	26.53	20.04	15.26	11.53	8.72	6.64	5.02
30	65.54	49.53	37.72	28.51	21.55	16.41	12.40	9.37	7.14	5.39
31	70.37	53.20	40.51	30.62	23.15	17.63	13.33	10.07	7.67	5.80
32	75.52	57.09	43.49	32.88	24.85	18.93	14.31	10.82	8.24	6.23
33	81.04	61.26	46.68	35.28	26.68	20.32	15.37	11.62	8.85	6.69
34	86.89	65.70	50.06	37.85	28.62	21.81	16.49	12.47	9.50	7.18
35	93.15	69.12	53.66	40.59	30.70	23.39	17.68	13.37	10.19	7.71
36	99.79	75.47	57.52	43.50	32.90	25.07	18.96	14.34	10.93	8.27
37	106.9	80.71	61.60	46.60	35.25	26.87	20.32	15.37	11.71	8.86
38	114.4	86.53	65.95	49.90	37.75	28.77	21.77	16.47	12.55	9.49
39	122.4	92.62	70.58	53.41	40.41	30.80	22.30	17.63	13.44	10.17
40	130.9	99.06	75.51	57.13	43.24	32.96	24.94	18.87	14.39	10.89

(2)硫酸鼓泡法微量水标气制备装置

硫酸鼓泡法微量水分标气发生装置可分为出厂标定用和现场校准用两种类型,前者为固定式,后者为便携式。

现场校准用微量水标气发生装置由硫酸鼓泡器、恒温加热炉和相应控制部件组成,底气由高纯氮气钢瓶供给。如果缺乏纯氮或钢瓶氮(如天然气管输现场),也可采用气泵 + P₂O₅ 干燥罐的方案,将空气压缩、干燥后再送硫酸鼓泡器。

(3)硫酸鼓泡器的使用方法

①将配制好的硫酸溶液装入鼓泡器内,硫酸溶液应占鼓泡器容积的3/5~4/5;

②将脱湿后的底气引入鼓泡器,注意保持流量稳定。

③底气流量不可超过规定限值,如果流量太大,硫酸溶液上方的水蒸气分压不能达到饱和值,则标气水分含量不足,另一方面,流量过大还可能造成酸液沸腾、气流夹带硫酸液滴的危险情况。

④如果硫酸鼓泡器出口压力与大气压之间有较大压差,则标气水分含量会产生较大偏差,这是由于标气含水量 Q 由下式决定:

$$Q = \frac{p_1}{p_2 + p_3} \qquad (10.21)$$

式中　p_1——硫酸的饱和水分压,mmHg,数据可由文献查得;

　　　p_2——大气压,mmHg;

　　　p_3——系统压差(mmHg)。

要注意观察和控制硫酸鼓泡器出口压力,使之稍微高于大气压力即可。

(4)硫酸鼓泡法的优点及与其他方法的比较

①硫酸鼓泡器制作简单,操作方便,使用可靠,硫酸鼓泡法是一种科学、简便的微量水标气制备方法。

②根据气体分压定律,通过鼓泡器的气体中的水分含量仅是硫酸浓度和温度的函数,不受气体种类的限制,也不受气体中含有微量水分的影响。这是由于浓硫酸是强干燥剂,当气体通过硫酸溶液时,所含水分已被硫酸吸收。

③渗透管配气法操作步骤较为复杂,配气条件要求严格,配气精度易受多种因素影响,例如,载气中含有微量水分就会追加到所配标气中从而造成附加误差。

④采用硫酸鼓泡法校准微量水分仪时,可以根据硫酸浓度和温度对应的微量水分值直接校准被校表。而渗透管配气法仍需采用高精度标准表与被校表对照的方法进行校准。简言之,硫酸鼓泡法可进行直接校准,渗透管配气法只能进行间接校准。

⑤采用冷凝露点湿度计校准微量水分仪,是国家计量测试机构检验仪器和仪表生产厂家标定仪器的常用方法,但这种冷镜仪价格昂贵,且只能在实验室条件下使用,无法用于现场校准。硫酸鼓泡器结构简单,使用方便,可做成便携式仪器用于现场校准。

图10.23　水分仪校验系统外观图

10.8.3　干湿气混合配气法

图10.23是采用干湿气混合配气法的一种水分仪校验系统外观图,图10.24是其流路图。

根据气体稀释原理进行配气,干气体进入系统后被分成两个流路,一路在已知的温度(恒温控制)下加入饱和水蒸气,另一路保持干燥,两个流路然后混合,加饱和水蒸气的湿气被大量的干燥气体稀释,通过两次稀释

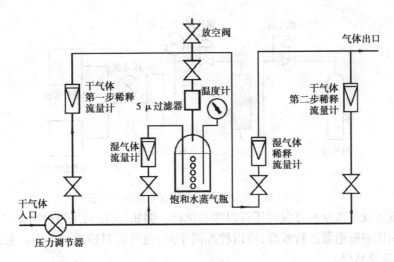

图 10.24 水分仪校验系统流路图

以产生所需水分含量的气体,供微量水分仪校验用。

水分仪校验系统配制出的校准气体通入精密冷凝露点湿度计,测量其露点温度并换算水分含量,对并联运行的微量水分仪进行校准。

10.8.4 用湿度发生器和精密露点仪校准气相微量水分仪

(1)校准设备

①配气装置:能配出 $-80(0.5 \text{ ppmV}) \sim -10 ℃(2\,500 \text{ ppmV})$ 露点的湿气发生器,推荐采用硫酸鼓泡法,也可采用渗透管配气法。

②测量湿度的标准仪器:能测量 $-80 \sim -10 ℃$ 露点的精密露点仪,不确定度不超过 $±0.5$ ℃范围。

如果现场难以提供精密露点仪,也可采用高精度电解法微量水分仪,测量范围 $0 \sim 2\,000$ ppmV,基本误差:仪表读数的 $±5\%$(<100 ppmV 时)或仪表读数的 $±2.5\%$(>100 ppmV 时)。

③干燥器,经干燥后的氮气含水量应不大于 1 ppmV;

④高纯氮气 1 瓶,减压阀、测温仪器、气压计、精密压力表等。

(2)校准条件

①湿气压力波动不超过 $±200 \text{ Pa}$。

②气源连接应尽可能短,从配气装置出口到仪器入口连接长度应不大于 2 m,整个系统应尽量减少阀门、接头,连接处应以卡套紧固。

(3)校准步骤

①按图 10.25 所示装接气源系统。

②在标定或校准微量水分仪之前,应先通高纯氮气将其彻底干燥,等降至测量下限以下之后才可进行校准。

③调节湿气发生器,使湿气露点为 $-70 ℃(3 \text{ ppmV})$,平衡后记录仪器的读数。

④重复步骤③,每隔 $10 \sim 20 ℃$ 露点($5 \sim 10$ ppmV),记录一次读数,直到量程终点。

⑤通过仪表编程,将标定数据输入仪表内,即完成校准。

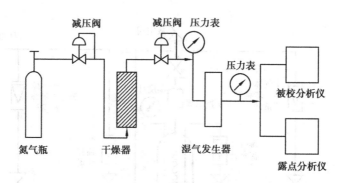

图 10.25　气相微量水分仪校准系统示意图

在工业现场校准微量水分仪时还可以变通执行。例如:可以只采用精密露点仪进行校准,也可以只采用硫酸鼓泡器进行校准;可以校准两个点,也可以只校准一个点。总之,要符合现场实际需要,简便易行。

10.9　冷凝露点湿度计

冷凝露点湿度计又称为冷却镜面凝析湿度计、光电式露点仪等。这种湿度计具有准确度高、测量范围宽的特点,其准确度仅次于重量法湿度计。因此,它不仅是一种测量仪器,而且也是长期以来普遍采用的标准仪器。

国家标准 GB 116011—2005《湿度测量方法》中规定,精密冷凝露点湿度计属于湿度标准仪器,可用来校准湿度发生器及除重量法湿度计以外的其他湿度计。

冷凝露点湿度计的测量范围一般为 $-70 \sim +60$ ℃ 露点,(最低可测至 -80 ℃ 露点,但测

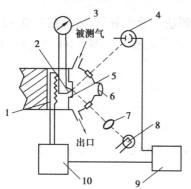

图 10.26　冷凝露点湿度计结构示意图
1—半导体致冷致热器;2—热电堆;3—毫伏计;4—光电管;5—镜面;6—透镜;7—聚光镜;8—光源;9—放大器;10—功率控制器

量时间过长)。测量误差约 ±0.25 ℃(一级精密冷凝露点湿度计的测量误差为 0.1~0.2 ℃ 露点,二级精密冷凝露点湿度计的测量误差为 0.3~0.4 ℃ 露点)。其测量灵敏度为 0.1~1 ppmV,反应时间为 20 s。但仪器的价格很贵,维护比较困难,通常用于实验室中,可作为标准仪器对在线微量水分仪进行校准。

图 10.26 为冷凝露点湿度计的结构示意图。被测气体在恒定压力下,以一定流量流经冷凝露点湿度计测量室中的抛光金属镜面(一般采用镀金或镀铑的紫铜镜镜面),使该镜面的温度连续不断地降低并精确测量,当气体中的水蒸气随镜面温度逐渐降低而达到饱和时,镜面上开始结露,此时所测得的镜面温度即为该气体的露点,并可转换为水分含量。

水雾的检测是用光电管(或光电池)接收镜面的反射光,它是光源(发光二极管)的光线经聚光镜后投射到镜面上被反射回来的。当镜面上出现雾气时,反射光强突然降低,光电流减小。光电流的变化经放大器放大后送到控制器,然后控制半导体致冷致热器的电流方向。当

光电流减小时,半导体致热,镜面温度上升,雾气消失,于是光电流又增加,半导体致冷,使镜面温度下降,又使镜面出现雾气,如此往复,使镜面温度保持在露点温度附近,此温度由热电堆(或铂电阻感温元件)加以测量。

思考题

1. 湿度的表示方法有哪几种?

2. 试述电解式微量水分仪的测量原理和特点。

3. 如何根据当地的大气压力对电解式微量水分仪测量结果进行修正?如何扩大仪表的量程?

4. 微量水分仪安装配管时应注意哪些问题?

5. 试述电容式微量水分仪的测量原理和特点。

6. 电容式微量水分仪的探头要求纯净的样品,实际工艺液样中含微粒杂质较多,取样管线较长,使用图10.27所示样品系统在短期内过滤器就被堵塞,换成大容量的过滤器会带来大的滞后,应如何改造该系统才能保证正常运行?

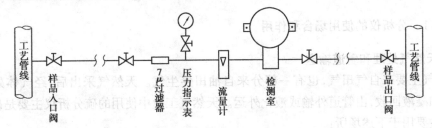

图10.27 电容式液相微量水分仪样品系统图

7. 试述晶体振荡式微量水分仪的测量原理。

8. 试述晶体振荡式在线微量水仪的结构组成和工作过程。

9. 如何用硫酸鼓泡器配制微量水分仪校准用的湿气?

10. 试述光电式露点仪的测量原理及特点。

11

硫分析仪

11.1 概　述

11.1.1　分析仪的使用场合和作用

(1)天然气处理和管道输送

天然气主要来自气田气,也有一部分来自油田伴生气。天然气采出后,经气体处理厂脱硫、脱水和凝液回收,由管道外输或液化外运。天然气工业中使用的硫分析仪主要是硫化氢分析仪,它主要用于下述场所:

①用于天然气脱硫工段,测量脱硫前后天然气中 H_2S 含量,监视脱硫效果,指导工艺操作。

②用于天然气管道输送系统,监视管输天然气中的 H_2S 含量。H_2S 是酸性气体,遇水会生成氢硫酸,腐蚀管道和设备,因此要严格控制管输天然气中的 H_2S 含量,一般要求 H_2S 含量 < $20 \ mg/m^3$（14 ppmV）。

(2)合成氨、甲醇装置和炼油厂制氢装置

生产合成氨的各种原料——天然气、煤、轻油及重油中都含有一定量的硫,因此所制备出的合成氨原料气中都含有硫化物。其中大部分是无机硫化物——硫化氢（H_2S）,还有少量的有机硫化物,如硫氧化碳（COS）、二硫化碳（CS_2）、硫醇（RSH）、噻吩（C_4H_4S）等。原料气中的硫化物,对合成氨生产危害很大,不仅腐蚀设备和管道,而且能使合成氨生产所用的催化剂中毒,催化剂中毒将失去活性,因此,对原料气必须进行脱硫处理。

甲醇装置的主要原料是天然气和煤,炼油厂制氢装置的主要原料是天然气、石脑油、焦化干气、液化石油气、重整抽余油等,其原料气制备工艺与合成氨装置基本相同,为了防止腐蚀设备和使催化剂中毒,也必须对原料气进行脱硫处理。

脱硫的方法和工艺很多,在脱硫后,需要采用气体总硫分析仪对原料气中的总硫含量进行分析,以便指导工艺操作并监测脱硫效果。

178

（3）硫黄回收装置

天然气处理厂脱硫,合成氨、甲醇、制氢装置原料气脱硫,炼油厂加氢装置循环氢气脱硫以及含硫污水汽提脱硫等所产生的含硫气体,通常称为酸性气。无论从硫资源的充分利用或是从环境保护方面考虑,酸性气中的硫均应加以回收。工业上目前主要采用克劳斯法将硫化氢转化成硫黄,予以回收。

在克劳斯硫黄回收工艺中,需要采用硫化氢/二氧化硫比值分析仪对尾气中的 H_2S、SO_2 含量进行分析,参与酸性气/空气配比控制,同时监测尾气处理装置排放气体中的 SO_2 含量,防止超标排放。

（4）石油产品的精制工艺

原油蒸馏生产的直馏汽油、航空煤油、溶剂油、轻柴油等,含有少量硫、氮、氧等杂质,其中主要是硫醇,需要进行脱硫醇精制。催化柴油、焦化汽油和柴油等需要进行加氢精制,以脱除油品中的硫、氮、氧等杂质,并使烯烃饱和。随着环保要求的日趋严格,对燃料油等产品的含硫量限制也越来越严格,因而需要采用液体总硫分析仪对油品的总硫含量进行监测,并指导上述工艺操作。

（5）安全防护

H_2S 有剧毒,职业中毒限值为 10 ppmV。在硫黄回收装置的硫黄池以及各种脱硫装置的泄漏源等处,应设置硫化氢含量检测报警装置,以确保人身安全。

11.1.2 在线硫分析仪的类型

从测量参数和使用目的的角度划分,在线硫分析仪主要有硫化氢分析仪、硫化氢/二氧化硫比值分析仪和总硫分析仪(包括气体和液体总硫分析仪)几种类型。

（1）硫化氢分析仪

硫化氢分析仪是分析气体中硫化氢含量的仪器,它采用的测量方法主要有醋酸铅纸带比色法、紫外吸收法、气相色谱法、激光光谱法和电化学法。

（2）硫化氢/二氧化硫比值分析仪

它可同时测量气体中的 H_2S 和 SO_2 含量并计算输出 H_2S / SO_2 比值,主要用于硫黄回收装置,采用的测量方法主要有紫外吸收法。

（3）总硫分析仪

总硫分析仪是测量气体或液体样品中无机硫和有机硫总含量的仪器。在线分析仪器中使用的总硫分析的方法主要有能量和波长 X 射线荧光法、醋酸铅纸带比色法、化学发光法、气相色谱-火焰光度法、紫外荧光法等,紫外荧光法是目前总硫分析较理想的选择。

11.2 醋酸铅纸带比色法硫化氢分析仪

11.2.1 测量原理

当恒定流量的气体样品从浸有醋酸铅的纸带上面流过时,样气中的硫化氢与醋酸铅发生化学反应生成硫化铅褐色斑点,反应式如下:

$$H_2S + PbAc_2 \longrightarrow PbS + 2HAc$$

反应速率即纸带颜色变暗的速率与样气中 H_2S 浓度成正比,利用光电检测系统测得纸带颜色变暗的平均速率,即可得知样气中的 H_2S 的含量。

H_2S 分析仪每隔一段时间移动纸带,以便进行连续分析,新鲜纸带暴露在样气中的这段时间称为测量分析周期时间(一般为 3 min 左右)。

图 11.1 是醋酸铅纸带法 H_2S 分析仪在一个测量分析周期时间内光电检测系统输出信号的波形图,其分析过程如下:

①A—B 段:电机运转并驱动纸带进纸 1/4 in。

②B—C 段:采样延迟时间,一般为 140 s。在这段时间,参加反应的纸带开始慢慢变黑,反应曲线呈现轻微的非线性关系。分析仪测得纸带变暗过程呈非线性关系,认为测量结果不够精确,因此无须更新显示结果和分析仪输出。但此时的测量结果却可以用于精确地预测样气浓度是否超过报警限。每隔 4 s,分析仪计算出该时间段的平均变化率和对应的硫化氢含量。如果含量超过报警限,分析仪将产生报警。产生报警时,分析仪将只显示测量到的最高实时数据。分析仪将一直处于预报警分析状态,直到硫化氢含量低于报警限。

③C—D 段:采样时间(Sample Interval),30 s。纸带变黑速率在 t_1 到 t_2 时间段内呈现出线性关系。分析仪计算出线性开始时刻 t_1 处的纸带黑度读数,30 s 后再计算出时刻 t_2 处的黑度读数。系统软件用此两点的数据计算出纸带变黑的速率并换算成硫化氢的浓度。

④D—E 段:分析仪将纸带卷动进纸,新的测量分析周期重新开始。

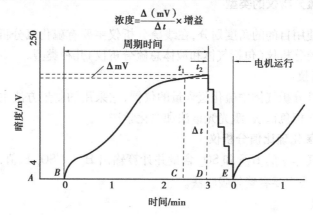

图 11.1　典型分析周期波形图

11.2.2　仪器的结构组成

图 11.2 是种醋酸铅纸带法硫化氢分析仪的结构图。该仪器主要由以下 5 个部分组成。

(1)样品处理系统

样品处理系统通常由过滤器、减压阀、流量计、增湿器组成。过滤器采用旁通过滤器,其作用是除尘并加快样气流动以减小分析滞后。减压阀出口压力一般设定在 15 psig(1.05 barg)。样气流量通过带针阀的转子流量计来控制,样气流量通常为 100 mL/min。增湿器的作用是使样气通过醋酸铅溶液加湿,以便与醋酸铅纸带反应。增湿器的结构一般是一个鼓泡器,将样气通入醋酸溶液中鼓泡而出,也有采用渗透管结构的,醋酸溶液渗透入管内对样气加湿。醋酸溶液是将 50 mL 冰醋酸(CH_3COOH)加入蒸馏水中制成 1 L 的溶液(5% 冰醋酸溶液)。

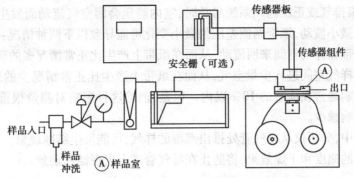

图 11.2 醋酸铅纸带法硫化氢分析仪结构图

(2)走纸系统

走纸系统由纸带密封盒、醋酸铅纸带、导纸轮、卷纸马达和压纸器等组成。纸带事先用 5% 醋酸铅溶液浸泡,并在无 H_2S 条件下干燥。H_2S 分析仪每隔一段时间移动纸带,以便进行连续分析。

(3)光电检测系统

光电检测系统由样气室和光电检测器组成。样气室的结构如图 11.3 所示。样气经过孔隙板上的孔隙与纸带接触。H_2S 分析仪配有一组不同孔隙尺寸的孔隙板,可根据样气中 H_2S 浓度的不同加以更换。通常,H_2S 含量越高,所需孔隙的尺寸越小,这样就可以限制在纸带上反应的 H_2S 气体数量,以调节纸带的变暗速率。

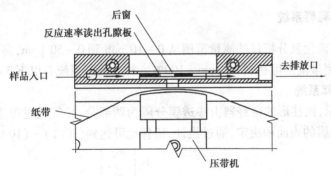

图 11.3 样气室侧视图

H_2S 分析仪的测量范围通常在 0～25 ppm 或 0～50 ppm(超过上述测量范围,样气必须经过稀释),即使在上述测量范围内,对于不同的量程也应采用不同孔隙尺寸的孔隙板。

光电检测器采用一个红色发光二极管作为光源来照射纸带,光探头是一个硅光敏二极管,可将纸带的明暗程度转化成电信号,此电信号经过传感器放大电路放大成 0～25 mV 信号。

(4)数据处理系统

数据处理系统由微处理器、数字显示器、打印机等组成。

(5)负压排气管

H_2S 分析仪分析后的气体经负压排气管排出,如图 11.4 所示。负压排气管实际上是一个气流喷射器,管中气体通常采用减压阀处压力为 15 psig(1.05 barg)的样气驱动,也可采用其他干燥气体或压缩空气驱动。负压排气管的作用有以下两点:

①稳定样气室内的压力,消除任何影响纸带变色的不利因素:H_2S分析仪通常安装在分析小屋内,当排气扇排气或正压通风系统启动时,室内静压会因空气流动而发生变化,从而造成样气室内压力的微小波动,纸带两侧差压的微小变化可能导致以下两种情况:

a. 样气在纸带和样气室间来回流动,从而在纸带上产生比正常情况多的斑点;

b. 在纸带和样气室间进入少量空气,从而在纸带上产生比正常情况少的斑点。这种情况对测量结果的影响通常在读数的10%以内。但是,消除这种影响对测量很重要,如果采用负压排气管将使影响减少。

②寒冷气候中,分析仪从排气管处排出潮湿的样气,可能发生结冰现象。采用负压排气管来提高排放气体的速度和干燥效果,将防止在排气管道上出现结冰现象。

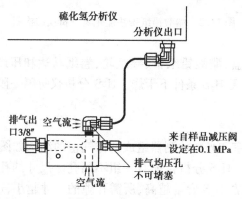

图 11.4　负压排气管

11.2.3　样品稀释系统

醋酸铅纸带法硫化氢分析仪的测量范围从 0 ~ 10 ppb 到 0 ~ 50 ppm,高于此范围的气体,可经稀释后测量,测量范围可达到 50 ppm ~ 100%。样品稀释系统有以下 3 种:

(1)渗透膜稀释系统

如图 11.5 所示,圆柱形的稀释器由渗透膜分隔为两部分,样气透过渗透膜扩散到稀释气体 N_2 中,稀释比由膜的表面积决定,通过设计,稀释比可达到(10:1) ~ (10 000:1)。

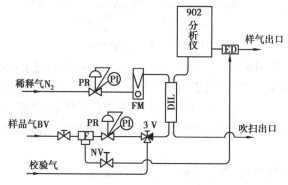

图 11.5　渗透膜稀释系统

BV—截止阀;NV—针阀;PR—减压阀;F—旁通过滤器;

3V—三通阀;FM—流量计;DIL—稀释池;ED—喷射器

（2）进样阀稀释系统

如图 11.6 所示，采用色谱仪进样阀技术，在预定的时间间隔内，将少量样品注入载气中。稀释比可通过改变进样时间间隔和进样体积加以调整。为保证样气与载气混合均匀，进样时间间隔应为 30～60 s，进样体积（定量管体积）可从 50 μL 到 5 mL。稀释比按式（11.1）计算：

$$稀释比 = \frac{进样体积 \times 每分钟进样次数}{稀释气体流量（一般为 150\ mL/min）} \tag{11.1}$$

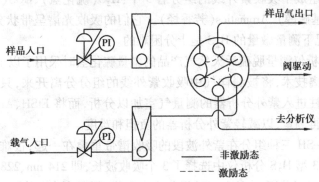

图 11.6　进样阀稀释系统

（3）流量计稀释系统

如图 11.7 所示，由样气和载气两个流量计组配而成，稀释比 = 载气流量/样气流量。当稀释比 ＞（10:1）时不推荐使用。

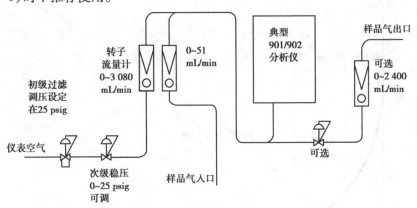

图 11.7　流量计稀释系统

11.3　紫外吸收法硫化氢分析仪

11.3.1　典型紫外吸收法硫化氢分析仪

某公司生产的紫外吸收法硫化氢分析仪主要有 931、932、933 三种型号。其中 931、932 型为高含量 H_2S 分析仪，931 型测量范围 0.4%（4 000 ppm）～20% V、932 型测量范围 0.02%（200 ppm）～20% V；933 型为微量 H_2S 分析仪，测量范围分为多档，从最低 0～5 ppmV 到最高

$0 \sim 100$ ppmV。

在天然气处理厂,脱硫前原料天然气 H_2S 含量较高,例如川渝某净化厂原料天然气 H_2S 含量典型值为 $5\,400 \sim 5\,700$ mg/m³,折合 $3\,818 \sim 4\,030$ ppm($0.38\% \sim 0.40\%$)V,可采用 931 型测量。该厂脱硫后产品天然气 H_2S 含量典型值为 $4 \sim 9$ ppmV,折合 $5.66 \sim 12.73$ mg/m³,需采用 933 型测量。

脱硫后天然气组成中吸收紫外线的组分有 5 个:H_2S(硫化氢)、COS(羰基硫)、MeSH(甲基硫醇)、EtSH(乙基硫醇)、Aromatics(芳香烃)。它们的吸收光谱呈带状分布,彼此重叠在一起,要想在这种情况下测量微量的 H_2S 是十分困难的。

用微量 H_2S 分析仪测量脱硫后天然气产品的微量硫化氢时采用了以下技术方案:

①采用色谱分离技术,将被测样气中吸收紫外线的组分分离开来,只让 H_2S、COS、MeSH 三种组分通过色谱柱进入紫外分析器的测量气室加以分析,而将 EtSH、Aromatics 两种组分从色谱柱反吹出去不再测量,以减轻紫外分析器的负担和难度。

②H_2S、COS、MeSH 三种组分在紫外波段的吸收谱带重叠在一起,很难找到某个组分的单一吸收波长。在 933 型 H_2S 分析仪中选择了 3 个吸收波长,即 214 nm、228 nm 和 249 nm 波长紫外光加以测量,由于在每个波长上三种组分均有吸收,可以列出一个三元一次方程组,求解该方程组就可求得 H_2S、COS、MeSH 三种微量组分各自的含量。

H_2S、COS、MeSH 三种组分在紫外波段的吸收谱图和测量位置如图 11.8 所示。求解三组分浓度的联立方程组如下。

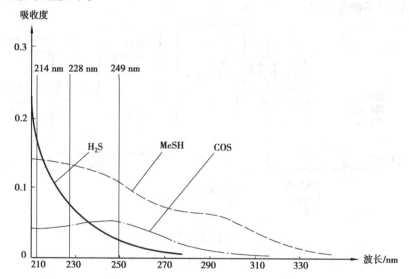

图 11.8　H_2S、COS、MeSH 三种组分在紫外波段的吸收谱图和测量位置

吸光度 A 又称为消光度 E,其定义式为

$$A = E = \lg \frac{I_0}{I} \tag{11.2}$$

由朗伯—比尔定律 $I = I_0 e^{-kcl}$ 推导可得:

$$\ln \frac{I}{I_0} = -kcl \longrightarrow \lg \frac{I}{I_0} = -\frac{1}{2.303} kcl \longrightarrow \lg \frac{I_0}{I} = A = \frac{l}{2.303} kc \tag{11.3}$$

当在三个波长处测量三种组分时,可列出下述三元一次联立方程组:

$$A_1 = \frac{l}{2.303}(k_{11}c_1 + k_{12}c_2 + k_{13}c_3)$$

$$A_2 = \frac{l}{2.303}(k_{21}c_1 + k_{22}c_2 + k_{23}c_3) \qquad (11.4)$$

$$A_3 = \frac{l}{2.303}(k_{31}c_1 + k_{32}c_2 + k_{33}c_3)$$

式中　　A_1、A_2、A_3——分别为在 214 nm、228 nm 和 249 nm 波长处测得的吸光度;

c_1、c_2、c_3——分别为 H_2S、COS、MeSH 三种组分的摩尔浓度;

k_{11}、k_{12}、……、k_{33}——k_{11} 为在 214 nm 处 H_2S 的摩尔吸光系数,其余以此类推。

对于固定的测量气室,光程长度 l 为常数,k_{11}、k_{12}、……、k_{33} 可从光谱手册中查到,A_1、A_2、A_3 可由分析仪测得,所以解该三元一次线性方程组,就可求得 c_1、c_2、c_3。

11.3.2　紫外吸收法硫化氢分析仪的分析系统

微量 H_2S 分析仪由分析系统、样品处理系统、电子部件及相应软件等几部分组成。图11.9 是分析系统的构成图。

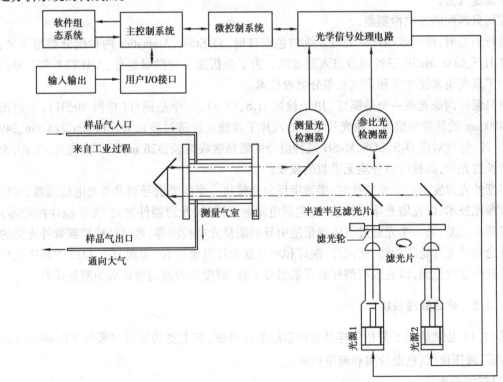

图 11.9　分析系统构成图

光学系统如图 11.10 所示,主要包含以下部件:

①两只紫外光源灯。

②滤光片轮,包含六片干涉滤光片。

③半透半反分光镜。

④直角前反射镜。

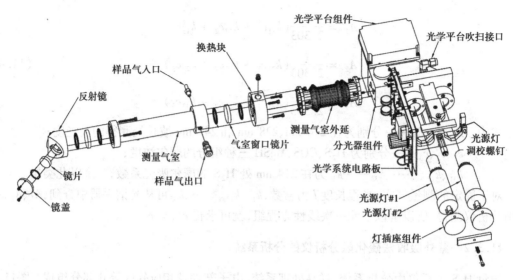

图 11.10　光学系统结构图

⑤测量气室。

⑥两只匹配的光电检测器。

进行测量时,样气流经样品处理系统的色谱柱时,将 EtSH、Aromatics 两种组分截留下来,只允许 H_2S、COS、MeSH 三种组分进入测量池。为了分析这三种微量组分,AMETEK 933 分析仪采用了双光束参比技术和多波长差分吸收技术。

两只紫外闪烁光源一个是镉灯(用于检测 H_2S、COS),一个是铜灯(检测 MeSH),发射出 200 ~ 400 nm 的脉冲光信号。滤光片轮上的六片干涉滤光片透过波长为:214 nm、228 nm、249 nm 各一片,分别对应 H_2S、COS、MeSH 三种组分的敏感吸收波长;326 nm 干涉滤光片,三片,为参比波长滤光片,即被测组分均无吸收的波长。

当紫外光源发出每个光脉冲时,半透半反分光镜将一半的光引导到参考光电检测器,实现双光束参比技术,以克服光学系统波动(包括电源电压波动、光源器件老化、光学镜片污染等)造成的测量误差;另一半光通过气体测量池引导到测量光电检测器,通过精确控制紫外光源的闪烁发光和滤光片轮的旋转,使镉灯、铜灯和六片滤光片紧密配合,实现 H_2S、COS、MeSH 三种组分的差分吸收检测,以克服被测样品背景组分干扰、温度压力波动等造成的测量误差。

11.3.3　样品处理系统

图 11.11 是微量 H_2S 分析仪样品处理系统的流路图,其主要功能是对采集来的样品气体过滤除雾、减压稳压、色谱分离和流量控制。

(1)过滤器组件

过滤器组件是可选项。系统中过滤器模块是一种三级过滤组件,主要用于天然气样品的过滤除雾,如图 11.12 所示。

第一级过滤组件是一个有特定大小孔洞的薄膜过滤器,其作用是对天然气进行粗滤。挥发性气体能够通过薄膜上的小孔,气压只会稍微降低。液体飞沫将留在进气口一端,因为它们的表面张力太高,无法通过孔洞。这个过滤器将除去固体颗粒和高表面张力的液体,如水、酒精、乙二醇和胺等。大多数的低表面张力的液体如碳氢化合物也将被除去。

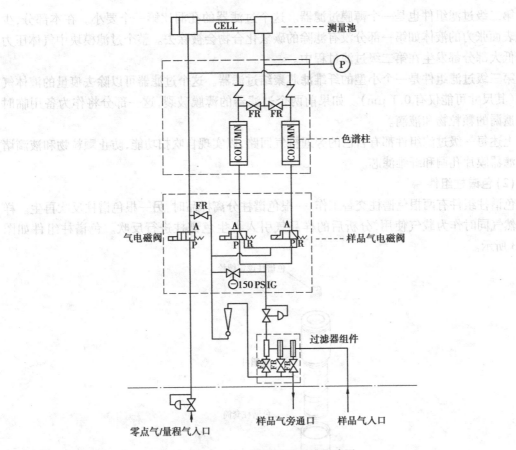

图 11.11　样品处理系统流路图

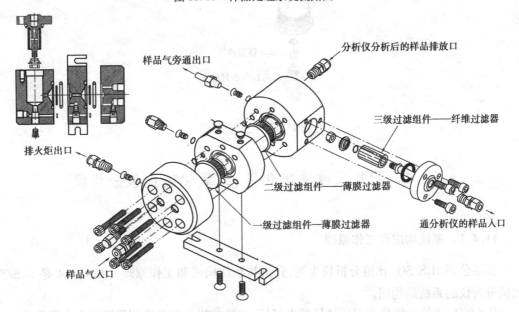

图 11.12　过滤器模块——三级过滤组件

第二级过滤组件也是一个薄膜过滤器。这个过滤器的孔洞比第一个要小。在本部分,少量低表面张力的液体如第一部分没有滤除的碳氢化合物会被除去。整个过滤模块中气体压力的降低大部分都发生在第二级过滤过程中。

第三级过滤组件是一个小型的纤维滤芯聚结过滤器。这个过滤器可以除去痕量的液体气溶胶(其尺寸可能仅有 0.1 μm)。如果前两个过滤器的薄膜破裂,这一部分将作为备用临时过滤遗漏的颗粒物和液滴。

上述每一级过滤组件都有自己的旁通排气回路,以实现自吹扫功能,防止颗粒物和液滴堵塞过滤器膜片孔洞和纤维滤芯。

(2) 色谱柱组件

色谱柱组件有两根色谱柱交替工作,一根色谱柱分离样品时,另一根色谱柱反吹再生。样品天然气同时作为载气使用,分析后的样品气引入再生色谱柱进行反吹。色谱柱组件如图 11.13 所示。

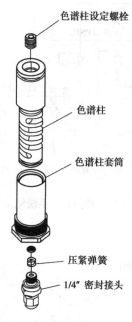

图 11.13　色谱柱组件

11.4　紫外吸收法硫化氢、二氧化硫比值分析仪

11.4.1　系统构成和工作原理

以某公司 H_2S/SO_2 比值分析仪为例,介绍其系统构成和工作原理。图 11.14 是 H_2S/SO_2 比值分析仪的系统结构图。

H_2S/SO_2 比值分析仪由正压通风的电气箱、加热的样气箱和检测器箱三个主要部分组成。一个大口径密封的不锈钢管作为光路基座,它的一部分在样气箱内,一部分在检测器箱内并与样气箱连通,检测器箱与样气箱之间由石英玻璃窗在管内隔离。

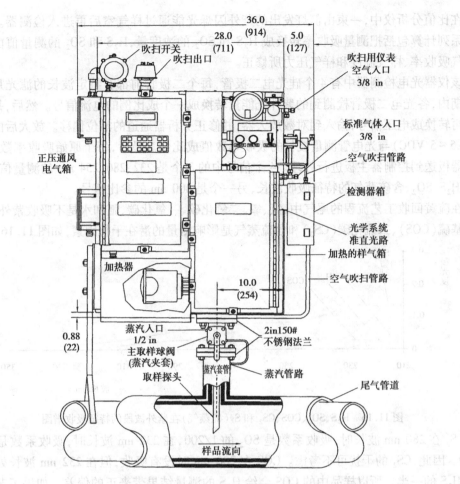

图 11.14　H_2S/SO_2 比值分析仪的系统结构图

分析仪的心脏部分是一个多波长、无散射的紫外分光光谱仪,其原理结构如图 11.15 所示。它测量 4 路互不干涉的紫外光吸收率,其中 3 路分别测量硫化氢、二氧化硫和含硫蒸气中硫的浓度,第 4 路波长作为参比基准,以补偿和修正由于石英窗不干净、光强变化和其他干扰对测量精度的影响。

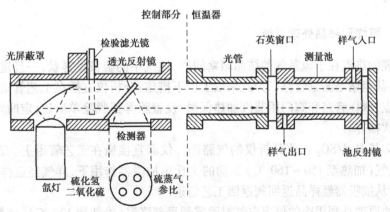

图 11.15　紫外可见分光光谱仪原理结构图

在比值分析仪中,一束由氙灯发出的紫外闪烁光能通过样气室后再进入检测器。仪器完成一系列计算包括把测量吸收率转换成 H_2S 和 SO_2 的浓度量,H_2S 和 SO_2 的测量值由背景含硫蒸气吸收率、样气温度和样气压力所修正。

该仪器光电检测器中有 4 个硅光电二极管,每个二极管前都有特定波长的滤光片。在测量周期内,各光电二极管检测到的紫外光能量转换成一个成比例的电流信号。然后,每个电流信号再转换成电压信号,输入到对数放大器,并修正分析器通道的零位偏移。放大后的模拟信号($-5 \sim 5$ VDC)与光电管测量波长的吸收率数值成比例。最后,每个原始吸收率数据,都从检测器板送到控制器主板进行处理。4 个信号中的 3 个是 232、280、254 nm 的测量信号,分别对应 H_2S、SO_2、含硫蒸气的特征吸收波长,另一个是 400 nm 的参比信号。

在硫黄回收工艺流程的尾气中,氮、氧、二氧化碳、一氧化碳、氩和水是不吸收紫外线的,只有羰基硫(COS)、二硫化碳(CS_2)和含硫蒸气是影响测量的潜在干扰因素,如图 11.16 所示。

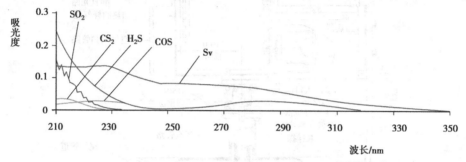

图 11.16　H_2S、SO_2、COS、CS_2 和 Sv(硫蒸气)在紫外波段的特征吸收谱图

CS_2 在 280 nm 波长时,吸收系数是 SO_2 的 1/200,在 232 nm 波长时,吸收系数是 H_2S 的 1/100。因此,CS_2 的干扰可不考虑。COS 在 280 nm 时没有吸收,但在 232 nm 波长处吸收系数为 H_2S 的一半。所以样品中的 COS 会给 H_2S 的测量结果带来正的偏差。如果工艺操作正常,样品中的 COS 含量不会超过 0.05%,对测量结果影响不大。

硫蒸气对 H_2S 的干扰是对 SO_2 干扰的两倍。当尾气中 H_2S/SO_2 比值等于2:1时,硫蒸气对比值的干扰可以忽略。但在实际的装置运行中,通常比值会偏离2:1,硫蒸气的存在会对测量结果造成影响。在 880-NSL 尾气分析仪中,专门设置了测量硫蒸气的光路,从而解决了硫蒸气的干扰问题。

11.4.2　取样和样品处理系统

样品处理的难点在于硫蒸气的结晶堵塞问题,尾气中的硫黄呈雾状,一旦进入分析器,将污染样品室,甚至堵塞测量管路。为此采取了以下措施:分析仪直插在工艺管道上,样品处理箱紧靠取样点,取样管路和阀门用蒸汽加热保温,设置除雾器脱除单质硫,定时对采样管路和测量室进行吹扫等。

图 11.17 是 H_2S/SO_2 比值分析仪的气路图。仪器直接插在工艺管道上。正常采样测量时,在仪表空气(加热至 150 ~ 160 ℃)驱动的文丘里抽吸器作用下,样气经进样阀、除雾器到测量室,然后从抽吸器经样品返回阀返回工艺管道。

除雾器的原理是利用冷的仪表空气对除雾器局部降温(冷却到 129 ℃),使饱和硫蒸气冷凝成液态硫,在重力作用下自动返回工艺管道,然后再将样品升温至 143 ~ 160 ℃,这样,送入后续的测量室等部件时就不会产生硫的冷凝现象,确保后面的样品管路通畅。

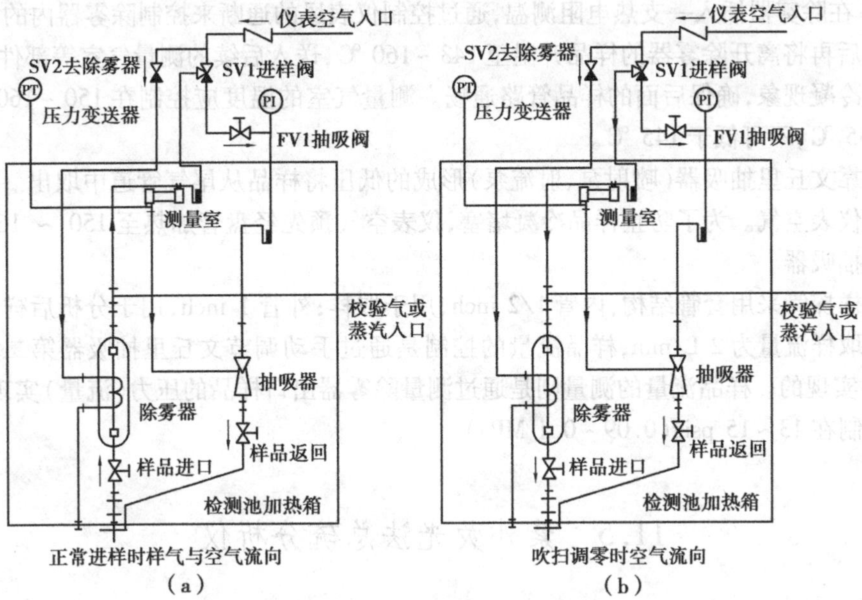

图 11.17 H₂S/SO₂ 比值分析仪气路图

当仪器调零、校验或进行自动吹扫时,三通电磁阀 SV1 切断到抽吸器的动力气源,吹扫空气在进入测量室前分成两路:一路经除雾器、样品进口阀反吹进样管路;另一路吹扫测量室、抽吸器和样品返回阀,此时仪器样品通路没有进样。

反吹介质有仪表空气和蒸汽两种。在一般情况下由加热的仪表空气反吹,反吹是自动进行的。反吹间隔时间 2~4 h 不等,根据具体工况决定,一般 180 min/次。当气样中有氨气存在时,会和二氧化碳反应生成铵盐,铵盐会堵塞反吹回路,再用空气反吹不起作用,只能采用蒸汽反吹,蒸汽的水解作用可以清除氨盐。

取样和样品处理系统的工作过程如下:

①捕集器出口尾气管线取样点压力 0.03 MPa、温度 160 ℃。样品取出后立即送入电加热的样品处理箱,样品箱安装在根部取样阀之上、紧接根部阀的位置。根部取样阀及其与尾气管道连接的短管应采用蒸汽夹套保温。现场低压饱和蒸汽仅能达到 0.5~0.6 MPa、152~159 ℃,最好用 0.7 MPa、1 165 ℃以上的中压饱和蒸汽,且蒸汽夹套应严密包裹石棉保温。

②硫在 112.8 ℃开始熔化,变成黄色易流动液体,温度上升到 160 ℃时,液态硫的颜色变深,黏度增加。据此,样品箱的温度应控制在 112.8~160 ℃。当然,硫蒸气的物理性质与单质硫会有一些差异,且硫蒸气的性质不仅受温度影响,还会受压力的影响。

根据对脱硫尾气中硫蒸气性质的研究,将分析仪样品箱内样气的温度控制在 143~160 ℃(电加热器的温度为 190 ℃,带温控)。

③为了防止硫蒸气冷凝堵塞样品管路及污染测量气室,样品箱内设有除雾器。除雾器上层为金属网,下层为聚四氟乙烯网。

通过仪表风盘管将除雾器内温度降至≤129 ℃,控制在 129~127 ℃,使硫蒸气冷凝成液态硫,在重力作用下流回工艺管道,而不会凝结成固态硫造成堵塞。根据使用经验,除雾器的温度不可低于 127 ℃,否则易造成除雾器过负荷(积雾过多),更可不可低于其凝固点 112.8 ℃。在除雾器插入一支热电阻测温,通过控制仪表风的通断来控制除雾器内的温度。

④然后再将离开除雾器的样品升温至 143 ~ 160 ℃,送入后续的测量气室等部件时就不会产生硫的冷凝现象,确保后面的样品管路通畅。测量气室的温度应控制在 150 ~ 160 ℃,最佳温度为 155 ℃,不可低于 145 ℃。

⑤依靠文丘里抽吸器(喷射泵、射流泵)形成的低压将样品从尾气管道中取出。第二流体一般采用仪表空气。为了防止样品冷凝堵塞,仪表空气预先经盘管加热至 150 ~ 160 ℃再通入文丘里抽吸器。

⑥取样探管采用套管结构,内管 1/2 inch,用于取样;外管 1 inch,用于分析后样气返回工艺管道。取样流量为 2 L/min,样品流量的控制是通过手动调节文丘里抽吸器第二流体的流速(压力)实现的。样品流量的测量则是通过测量除雾器出口样品的压力(流量)实现的,其压力一般控制在 13 ~ 15 psig(0.09 ~ 0.1 MPa)。

11.5 紫外荧光法总硫分析仪

11.5.1 测量原理

紫外荧光法总硫分析方法的测量过程是:待测样品首先进入氧化裂解炉(内有石英裂解管,样品从石英裂解管中通过),在富氧环境下样品中的硫化物被氧化裂解,生成 SO_2、CO_2、H_2O 等组分,然后经 Nafion 管干燥器除去水分,再进入硫检测器检测。SO_2 在紫外光(190 ~ 230 nm,中心波长为 214 nm)照射下生成激发态 SO_2^*,激发态 SO_2^* 不稳定,会很快衰变到基态,激发态在返回到基态时伴随着光子的辐射,并发出特征波长的荧光(240 ~ 420 nm),经滤光片过滤后被光电倍增管接收并转化为电信号放大处理。紫外荧光法测量总硫含量的原理流程如图 11.18 所示。

测量过程中发生的主要反应如下:

氧化裂解反应: $R\text{-}S \xrightarrow{O_2,1\,000\,℃} SO_2 + CO_2 + HO_2 + 其他氧化物$

紫外激发反应: $SO_2 + h\gamma \xrightarrow{190-230\,nm} SO_2^*$

发射荧光反应: $SO_2^* \xrightarrow{240-420\,nm} SO_2 + h\nu$

根据朗伯—比尔定律,检测器反应室中被二氧化硫吸收的紫外光强度的表达式为:

$$I_{吸} = I_0 - I_{透} = I_0 - I_0\exp(-\alpha lc) = I_0[1 - \exp(-\alpha lc)] \tag{11.5}$$

式中 I_0——紫外激发光光强;

  α——SO_2 对紫外光的摩尔吸收系数;

  l——吸收光路长度;

  c——SO_2 的摩尔浓度。

则光电倍增管接收到的荧光强度表达式为:

$$I_{荧} = G\varphi I_{吸} = G\varphi I_0[1 - \exp(-\alpha lc)] \tag{11.6}$$

式中 G——检测器反应室的几何常数;

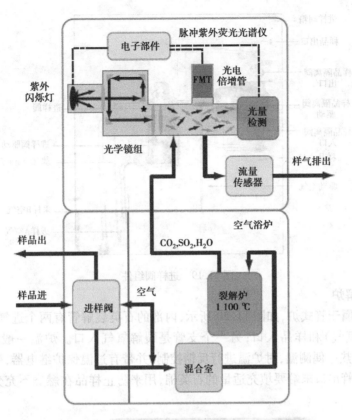

图11.18　紫外荧光法测量总硫含量的原理流程图

φ——荧光量子效率。

将式(11.6)在零点泰勒级数展开,得

$$I_{荧} = G\varphi I_0 \left[\alpha lc - \frac{(-\alpha lc)^2}{2!} - \frac{(-\alpha lc)^3}{3!} - \cdots - \frac{(-\alpha lc)^n}{n!} \right] \qquad (11.7)$$

取 $\alpha lc \to 0$,则式(11.7)可表示为:

$$I_{荧} = G\varphi I_0 \alpha lc \qquad (11.8)$$

这就是二氧化硫浓度的荧光检测原理。由该式可知,当紫外灯光强不变时,二氧化硫气体的荧光强度 $I_{荧}$ 与其浓度 c 成正比,而二氧化硫浓度和总硫浓度是一致的,这为定量分析总硫浓度提供了理论依据。

11.5.2　紫外荧光法总硫分析仪的主要部件

以某公司紫外荧光法在线总硫分析仪为例,紫外荧光法总硫分析仪的基本组成包括进样阀组件、混合室、氧化裂解炉(石英裂解管)、硫检测器(包括紫外灯、光学镜片组、石英窗、光电倍增管等)、吹扫系统以及相应的控制、数据处理电路等。

该仪器可分析原油、渣油、汽油、柴油、天然气等样品,基本不受其他物质干扰。

(1)进样阀组件

图11.19是进样阀组件的外形图。它和过程气相色谱仪中6通平面转阀(图9.5)的工作原理是一样的。

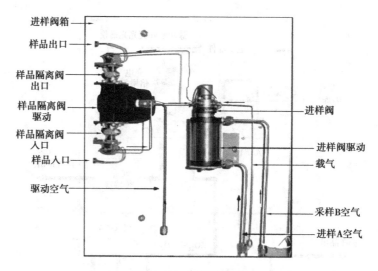

图 11.19　进样阀组件

（2）氧化裂解炉

氧化裂解炉属于管式炉，如图 11.20 所示，内部的石英裂解管有两个进气支管，一个支管是载气（氩气或氮气）和样品入口；另一个支管是裂解氧气入口。炉温一般设定在 1 000 ~ 1 100 ℃，由两个热电偶测温，对炉温进行反馈控制，并带有过温保护继电器，样品在这里完成氧化裂解。裂解管出口末端要填充适量的石英棉，用来防止样品在燃烧不充分时积炭污染后面的样品流路。

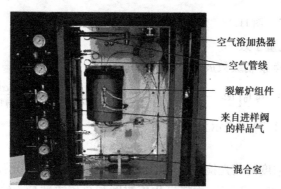

图 11.20　氧化裂解炉

石英裂解管在 1 000 ℃高温下时间长了会起毛并吸附硫组分，从而引起测量偏差，测量硫含量很低的样品影响尤其大。所以对于硫含量低于 1 ppm 的样品，石英裂解管寿命一般为一年，如果样品硫含量在 1 ppm 以上时石英裂解管寿命可延长至三年甚至更长。

（3）硫检测器

硫检测器是仪器的核心部件，由紫外灯、光学镜片组、石英窗、光电倍增管等组成，如图 11.21 所示。经干燥器除水后的样品气体在这里完成荧光反应和测定。紫外灯提供紫外光能量，用来激发二氧化硫；一般都采用内充氙气的脉冲式锌灯。锌灯的能量主要集中在 214 nm 附近，与二氧化硫的激发能量相符，可以提高灵敏度和降低背景噪声。干涉滤光片中心透过波长为 214 nm 左右，与二氧化硫的激发能量一致，其作用是提高选择性，减少干扰。不锈钢反光桶使二氧化硫激发的荧光集中到光电倍增管，以提高灵敏度，其内表面抛光处理成镜面。滤光片透过波长为300～350 nm,尽可能只使二氧化硫发出的荧光穿过,射至光电倍增管,以减少干扰。光电倍增管中心接收波长为320 nm,专门接收二氧化硫发出的荧光,光信号转变为电信号,经处理换算成样品的硫含量。

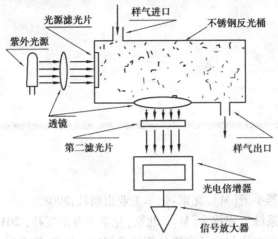

图11.21　脉冲式紫外荧光硫检测器原理结构图

思考题

1. 硫化氢分析仪主要用于哪些场所?它有哪几种类型?
2. 试述醋酸铅纸带法硫化氢分析仪的测量原理。
3. 什么是总硫分析仪?它有哪几种类型?
4. 紫外线气体分析仪在硫磺回收装置中的作用是什么?
5. 简述用微量 H_2S 分析仪测量脱硫后天然气产品的微量硫化氢时采用的技术方案。
6. 简述 H_2S/SO_2 比值分析仪的工作原理。
7. 分析 H_2S/SO_2 比值分析仪气路结构及工作过程。
8. 分析紫外荧光法硫分析仪的测量原理。
9. 分析紫外荧光法硫分析仪中硫检测器的工作原理。

参考文献

[1] 王森. 在线分析仪器手册[M]. 北京:化学工业出版社,2008.

[2] 高喜奎. 在线分析系统工程技术[M]. 北京:化学工业出版社, 2014.

[3] 褚小立. 化学计量学方法与分子光谱分析技术[M]. 北京:化学工业出版社, 2011.

[4] 金义忠,曹以刚,杨支明,等. 样气处理系统技术应用及发展综论[J]. 分析仪器, 2008
(6):46-53.

[5] 梅青平,金义忠,李太福,等. 在线分析样品处理系统技术创新发展综论[J]. 自动化仪
表, 2018, 39(2):63-68.

[6] 张强,宋彬,刘丁发. 湿气流量计现场使用技术难点分析[J]. 石油与天然气化工, 2018,
47(4):83-89.

[7] 王森,符青灵. 仪表工试题集:在线分析仪表分册[M]. 北京:化学工业出版社, 2006.

[8] 刘庆华. 在线分析仪表在工程应用中存在的问题及解决方案[J]. 石油化工自动化,
2009, 45(6):63-65.

[9] 赵亦林. 在线分析仪表应用问题及应对措施探究[J]. 中国高新技术企业, 2016(29):70-
71.

[10] 刘庆华. 乙烯装置中在线分析仪表的设计改进[J]. 仪器仪表用户, 2012, 19(3):
50-52.

[11] 胡雪蛟,莫小宝,青绍学,等. 天然气中硫化氢的激光吸收光谱法在线分析[J]. 天然气
工业, 2015, 35(6):99-103.

[12] 于洋. 在线分析仪器[M]. 北京:电子工业出版社,2015.

[13] 朱卫东. 在线分析仪器与分析系统集成应用技术的探讨[C]// 中国在线分析仪器应用
及发展国际论坛,2010.

[14] 姚虎卿,管国锋. 化工辞典[M]. 5版. 北京:化学工业出版社, 2014.

[15] 王森. 大型合成氨,甲醇装置在线分析仪器配置和样品处理技术[C]// 中国在线分析仪
器应用及发展国际论坛,2010.

[16] 褚小立,袁洪福,陆婉珍. 近年来我国近红外光谱分析技术的研究与应用进展[J]. 分
析仪器, 2006(2):1-10.

[17] 徐广通,袁洪福,陆婉珍. 现代近红外光谱技术及应用进展[J]. 光谱学与光谱分析,

2000, 20(2):134-142.

[18] 汪婷, 王海峰, 黄星亮, 等. 天然气水露点测量技术研究进展[J]. 计量技术, 2017(5): 24-27.

[19] 刘鸿, 杨建明, 卢勇, 等. 激光吸收光谱技术在天然气水分测试中的应用[J]. 天然气工业, 2010, 30(8):87-89.

[20] 林增强. 天然气长输管道水露点偏高的危害及处置措施[J]. 石化技术, 2017(5):183.

[21] Cao H, Hu L, Zhou Y, et al. A concentration measurement method for flue gas of nature gas combustion base on spectral analysis[C]// Control Conference. 2012.

[22] Zhu N, Li Z, Mitra S. Application of on-line membrane extraction microtrap gas chromatography (OLMEM-GC) for continuous monitoring of VOC emission[J]. Journal of Microcolumn Separations, 2015, 10(5):393-399.

[23] Kireev S V, Shnyrev S L. On-line monitoring of odorant in natural gas mixtures of different composition by the infrared absorption spectroscopy method[J]. Laser Physics Letters, 2018, 15(3):6.

参考文献

& Gao[J]. 2012, 124-142.

[18] 张伟, 丁常, 孙玉萍, ... [J]. 环境科学学报, 2017(1): 24-27.

[19] 李明, 陈志英, 等. ... 环境科学与技术[J]. 环境科学与技术, 2010, 3(8): 77-80.

[20] 王建新, 刘强, 等. 挥发性有机物在线监测及其应用[J]. 环境监测, 2011, 47-189.

[21] Luo H, Hu H Z, Zhou Y, et al. A concentration measurement method for flue gas in natural gas combustion base on spectral analysis[C]. Control Conference, 2012.

[22] Vian A, Li X, Niu S. Application of on-line membrane extraction monitoring of continuous monitoring (OLMEM-LC) for continuous monitoring of VOC emissions[J]. Journal of Membrane Separation, 2015, 10(5): 393-399.

[23] Kiseev S V, Sharova L. On-line monitoring of odorant in natural gas mixtures of different storage sites by the infrared absorption spectroscopic method[J]. Laser Physics and Chem, 2015, 15(3): 6...